Intravitreale Medikamente

Antonio Bergua

Intravitreale Medikamente

Von A bis Z

Antonio Bergua
Augenklinik
Uniklinikum Erlangen
Erlangen, Deutschland

ISBN 978-3-662-70781-4 ISBN 978-3-662-70782-1 (eBook)
https://doi.org/10.1007/978-3-662-70782-1

Die Deutsche Nationalbibliothek verzeichnet diese Publikation in der Deutschen Nationalbibliografie; detaillierte bibliografische Daten sind im Internet über https://portal.dnb.de abrufbar.

Planung/Lektorat: Lena Metzger
Springer ist ein Imprint der eingetragenen Gesellschaft Springer-Verlag GmbH, DE und ist ein Teil von Springer Nature.
Die Anschrift der Gesellschaft ist: Heidelberger Platz 3, 14197 Berlin, Germany

„Was die Arzneimittel nicht heilen, heilet das Messer; was das Messer nicht heilet, heilet das Feuer; und was das Feuer nicht heilet, das halte man für unheilbar"

Hippokrates von Kos (460 – etwa 377 v. Chr.)

Birgit, Daniel, Rubén und Carla gewidmet

Vorwort

Intravitreale Injektionen haben die Therapie zahlreicher Augenpathologien revolutioniert und Millionen von Patienten mit visusbedrohenden Erkrankungen Hoffnung gegeben. In den letzten zwei Jahrzehnten entwickelten sie sich zu einem der häufigsten Eingriffe in der Ophthalmologie. Allein in den USA werden jährlich schätzungsweise 6 Mio. Injektionen durchgeführt. In Deutschland sind es ca. 1,5 Mio. pro Jahr. Die Popularität des Eingriffs ist auf die bemerkenswerte Wirksamkeit neuer intravitrealer Medikamente bei der Behandlung von Erkrankungen wie altersbedingter Makuladegeneration, diabetischer Retinopathie, Netzhautvenenverschlüssen oder Uveitis zurückzuführen – um nur die vielleicht Wichtigsten zu nennen.

Das Konzept, Medikamente direkt ins Auge zu verabreichen, geht auf das Jahr 1911 zurück, als der deutsche Augenarzt Johannes Ohm (1880–1961) erstmals Luft intravitreal injizierte, um rhegmatogene Amotiones zu reparieren. Allerdings erlangten intravitreale Injektionen erst Ende des 20. Jahrhunderts breite Akzeptanz. Die Zulassung des ersten intravitrealen Anti-VEGF-Medikaments Pegaptanib im Jahr 2004 markierte einen Wendepunkt und läutete eine neue Ära in der Augentherapie ein.

Dieses Buch bietet erstmals eine umfassende, systematische und anschaulich dargestellte Zusammenstellung aller intravitrealen Medikamente. Von Kortikosteroiden und Antibiotika bis hin zu den revolutionären Anti-VEGF-Wirkstoffen, die die Behandlung von Netzhauterkrankungen entscheidend veränderten, wird auf alle wichtigen Wirkstoffe zur intravitrealen Injektion eingegangen. Zudem werden ihre pharmakologischen Eigenschaften, Wirkmechanismen und klinischen Anwendungen, unterstützt durch die Einbeziehung der hervorragenden diagnostischen Bildgebung der optischen Kohärenztomografie (OCT), dargestellt.

Während der Reise durch die beeindruckende Welt der intravitrealen Medikamente werden wir die bemerkenswerten Fortschritte entdecken, die es möglich gemacht haben, wirksame Medikamente direkt in den hinteren Augenabschnitt zu verabreichen, Augenbarrieren zu umgehen und systemische Nebenwirkungen zu minimieren. Ziel dieses Buches ist letztendlich die möglichst vollständige Beschreibung dieses sich ständig verändernden und weiterentwickelnden Bereichs der Ophthalmologie und das Liefern umfassender Informationen für Augenärzte, Forscher und alle, die sich für die neuesten Entwicklungen in der Anwendung intravitrealer Medikamenten interessieren.

Prof. Dr. Antonio Bergua, FEBO
Augenklinik Universität Erlangen-Nürnberg

Interessenkonflikt Der/die Autor*in hat keine für den Inhalt dieses Manuskripts relevanten Interessenkonflikte.

Inhaltsverzeichnis

Vita

Prof. Dr. med. Antonio Bergua, FEBO ist Oberarzt an der Augenklinik des Universitätsklinikums Erlangen und verantwortlich für die Uveitis-Sprechstunde sowie für den Bereich Lid-, Tränenweg- und Orbita-Chirurgie. Er hat langjährige Erfahrung in der Indikationsstellung und Anwendung intravitrealer Medikamente. Bereits 2017 veröffentlichte er das Buch „Das menschliche Auge in Zahlen", ebenfalls beim Springer-Verlag.

Abkürzungsverzeichnis

A	Austria/Österreich
AAV	adeno-associated virus/Adeno-assoziiertes Virus
ABC	antibody–biopolymer conjugate/Antikörper-Biopolymer-Konjugat
ADCC	antibody-dependent cellular cytotoxicity/antikörperabhängige zellvermittelte Zytotoxizität
AIDS	acquired immunodeficiency syndrome/erworbenes Immunschwächesyndrom
Ang	angiopoietin/Angiopoietin
ARMMs	arrestin domain–containing microvesicles/Arrestin-Domänen-enthaltende Mikrovesikel
ARN	Akute Retinanekrose
A-ROP	aggressive Retinopathy of Prematurity / aggressive Frühgeborenen-Retinopathie
ATMP	advanced therapy medicinal product/Arzneimittel für neuartige Therapien
BBG	Brilliant Blue G/Brillantblau G
BCVA	best corrected visual acuity/bestkorrigierte Sehschärfe
BfArM	Bundesinstitut für Arzneimittel und Medizinprodukte
BLA	Biologics License Application/Zulassungsantrag für biologische Arzneimittel
Blc-2	B-Zell-Lymphom 2
BPB	Bromphenolblau
BSS	balanced salt solution/balancierte Salzlösung
CDC	complement-dependent cytotoxicity/komplementabhängige Zytotoxizität
CFDA	China Food and Drug Administration/chinesische Behörde für Lebensmittel und Arzneimittel
CFH	complement factor H/Komplementfaktor H
CFI	complement factor I/Komplementfaktor I
CH	Schweiz
CHMP	Committee for Medicinal Products for Human Use/Ausschuss für Humanarzneimittel
CHO	Chinese hamster ovary/Ovarium des chinesischen Zwerghamsters
ChR2	Channelrhodopsin-2
CMÖ	zystoides Makulaödem
CMV	Cytomegalievirus
CNTF	ciliary neurotrophic factor/ciliärer neurotropher Faktor
CNV	choroidale Neovaskularisation
CRT	central retinal thickness/zentrale Netzhautdicke
CSR	central serous retinopathy/zentrale seröse Retinopathie
cSt	Centistokes
Da	Dalton
DCGI	Drugs Controller General of India/indische Arzneimittel-zulassungsbehörde
DE	Deutschland
DLK	dual leucine zipper kinase/Dual Leucine Zipper Kinase
DMEK	Descemet-Membran-Endothel-Keratoplastik
DMÖ	diabetisches Makulaödem
DNA	deoxyribonucleic acid/Desoxyribonukleinsäure
DR	diabetische Retinopathie
EC50	half maximal effective concentration/mittlere effektive (Wirk-)Konzentration

ECT	Encapsulated cell therapy
EEA	European Economic Area (Europäischer Wirtschaftsraum)
EMA	European Medicines Agency/ Europäische Arzneimittel-Agentur
ERG	Elektroretinografie
ERM	epiretinale Membran
EU	Europäische Union
EWR	Europäischer Wirtschaftsraum
FA	Fluoreszenzangiographie
FDA	Food and Drug Administration
FR	Frankreich
GA	geographische Atrophie
GCL	ganglion cell layer/Ganglienzellschicht
GRT	Giant Retinal Tear/Riesiger Netzhautriss
HDAC	Histondeacetylase
hESC	human embryonic stem cells/humane embryonale Stammzellen
HSV	Herpes-simplex-Virus
HTRA1	High temperature requirement A serine peptidase 1
hUTC	human umbilical tissue-derived cells/aus humanem Nabelgewebe gewonnene Zellen
ICG	Indocyaningrün
IFCG	infracyanine green/Infracyaningrün
IL	Interleukin
ILM	internal limiting membrane/ Membrana limitans interna
IOD	intraokularer Druck
IOFB	intraocular foreign body/intraokularer Fremdkörper
IOL	Intraokularlinse
IRE1α	Inositol-Requiring Enzyme 1 alpha
IT	Italien
IVitC	intravitreale Chemotherapie
IVOM	intravitreale operative Medikamentenapplikation
Kd	Dissoziationskonstante
KDR	Kinase-Insert-Domänen-Rezeptor
KiH	knobs-into-holes
LTB4	Leukotrien B4
MAC	membrane attack complex/ Membranangriffskomplex
MacTel	macular telangiectasia/makuläre Teleangiektasie
MC1R	Melanocortin-1-Rezeptor
MHK	minimale Hemmkonzentration
MHRA	Medicines and Healthcare products Regulatory Agency/britische Arzneimittel- und Medizinproduktebehörde
MIC	minimal inhibitory concentration/minimale Hemmkonzentration
MNV	makuläre Neovaskularisation
mPAS	Millipascalsekunde
MRSA	Methicillin-resistenter Staphylococcus aureus
mTOR	mechanistic target of rapamycin/ mechanistisches Ziel von Rapamycin
MTX	Methotrexat
nAMD	neovaskuläre altersabhängige Makuladegeneration
NIU	nichtinfektiöse Uveitis
NMPA	National Medical Products Administration/chinesische Arzneimittel- und Medizinproduktebehörde
OCT	optical coherence tomography/ optische Kohärenztomografie
OHT	okuläre Hypertension

PAI-1	Plasminogen-Aktivator-Inhibitor Typ 1
PBP	Penicillin-bindende Protein
PDS	Port-Delivery-System
PDMS	Polydimethylsiloxan
PDT	Photodynamische Therapie
PDVR	proliferative diabetische Vitreoretinopathie
PFCL	perfluorocarbon liquid/flüssige Perfluorkohlenstoffe
PGF	placenta growth factor/Plazenta-Wachstumsfaktor
PKC	Proteinkinase C
PLGA	poly(lactic-co-glycolic acid)/Poly(mlilchsäure-co-glykolsäure)
pmMNV	pathologische myope makuläre Neovaskularisation
POHS	presumed ocular histoplasmosis syndrome/vermutetes okuläres Histoplasmose-Syndrom
PORN	Progressive Outer Retinal Necrosis/Progressive Nekrose der äußeren Retina
PPV	Pars-plana-Vitrektomie
PRN	pro re nata/nach Bedarf
PVR	proliferative Vitreoretinopathie
RGD	Arginine-Glycine-Aspartic acid/ Arginin-Glycin-Asparaginsäure
RMAT	regenerative medicine advanced therapy/neuartige Therapie der regenerativen Medizin
RNA	ribonucleic acid/Ribonukleinsäure
ROCK	Rho-assoziierte Proteinkinase
ROP	Retinopathy of Prematurity/ Frühgeborenen-Retinopathie
ROR-A	RAR-related orphan receptor alpha/RAR-verwandter Orphan-Rezeptor Alpha
RP	Retinitis pigmentosa
RPE	Retina-Pigmentepithel
RTK	Rezeptortyrosinkinase
rTPA	rekombinanter tissue-Plasminogenaktivator
Siöl	Silikonöl
TA	Triamcinolonacetonid
TB	Trypanblau
TGA	Therapeutic Goods Administration/australische Arzneimittel- und Medizinproduktebehörde
TIE2	tyrosine kinase with immunoglobulin-like and EGF-like domains 2/Tyrosinkinase mit Immunglobulin- und EGF-ähnlichen Domänen 2
TK	Tyrosinkinase
TKI	Tyrosinkinaseinhibitor
TNF	Tumornekrosefaktor
TNK	Tenecteplase
t-PA	tissue-type plasminogen activator/gewebespezifischer Plasminogenaktivator
UME	uveitisches Makulaödem
USA	United States of America/Vereinigte Staaten von Amerika
VAV	Venenastverschluss
VEGF	vascular endothelial growth factor/vaskulärer endothelialer Wachstumsfaktor
VEGFR	vascular endothelial growth factor receptor/VEGF-Rezeptor
VMA	vitreomakuläre Adhäsion
VMT	vitreomakuläre Traktion
VRL	vitreoretinales Lymphom
WHO	World Health Organization/ Weltgesundheitsorganisation
ZVV	Zentralvenenverschluss

Intravitreale Medikamente von A bis Z

Inhaltsverzeichnis

A. Bergua, *Intravitreale Medikamente*, https://doi.org/10.1007/978-3-662-70782-1_1

A

Aflibercept

- VEGF-A-, VEGF-B- und PGF-Inhibitor.

Indikationen

- nAMD
- Makulaödem infolge eines Zentralvenenverschlusses (CRVO).
- Makulaödem als Folge eines Netzhautvenenverschlusses (RVO).
- Diabetisches Makulaödem (DMÖ).
- Subfoveale und juxtafoveale choroidale Neovaskularisation bei pathologischer Myopie (pmMNV).
- MNV bei Verdacht auf okuläres Histoplasmose-Syndrom (POHS).
- Frühgeborenen-Retinopathie (ROP).
- Sekundäre makuläre Neovaskularisation (sMNV) aufgrund einer zentralen serösen Retinopathie (CSR) oder postinflammatorisch – *„off label"*.

- Rekombinantes glykosyliertes Fusionsprotein, bestehend aus zwei identischen Polypeptidketten, die jeweils die zweite Ig-Domäne des menschlichen vaskulären endothelialen Wachstumsfaktors (VEGF) Rezeptor 1 und die dritte Ig-Domäne des menschlichen VEGF-Rezeptors 2 umfassen, wobei beide Polypeptidketten an die Fc-Domäne des menschlichen IgG1 fusioniert sind.
- Aflibercept wird als Fusionsprotein von Ovarialzellen des chinesischen Hamsters (CHO) als dimeres, sekretiertes, lösliches Protein synthetisiert.
- Aflibercept fungiert als Decoy-Rezeptor, der an den VEGF-Liganden bindet und dadurch die Bindung von VEGF an seinen Rezeptor und seine anschließende Stimulation hemmt.
- Die Fusion mit der Fc-Region von IgG1 verlängert die In-vivo-Halbwertszeit des Moleküls.
- Aflibercept bindet auch an den Plazenta-Wachstumsfaktor (PGF) und hemmt ihn.
- Die Dissoziationskonstanten (Kd) für die Bindung von Aflibercept an VEGF-A 165, VEGF-A 121, VEGF-B und PGF-2 betragen 0,5 pM, 0,36 pM, 1,92 pM bzw. 39 pM, was seine hohe Bindungsfähigkeit belegt.

Handelsname

- **Eylea® 2mg/Eylea® 8 mg** (Bayer, DE, Regeneron, USA) – Original
- **Afiveg®** (STADA Arzneimittel AG, Bad Vilbel, DE) – Biosimilar
- **Afqlir®** (Sandoz, CH) – Biosimilar
- **Ahzantive®** (Formycon, DE, Klinge Biopharma) – Biosimilar *(Aflibercept-mrbb)*
- **Baiama®** (Formycon, DE, Klinge Biopharma in einigen Märkten Co-Branding mit Ahzantive®) – Biosimilar
- **Eydenzelt®** (Celltrion Inc; Südkorea) – Biosimilar
- **Eyluxvi®** (Alteogen Inc, Südkorea) – Biosimilar
- **Mynzepli®** (Alvotech, Reykjavík, Island; Advanz Pharma, DE) – Biosimilar

- **Opuviz®** (Samsung Bioepis, Südkorea/Biogen) – Biosimilar – *(Aflibercept-yszy)*
- **Pavblu®** (Amgen, Thousand Oaks, Kalifornien, USA) – Biosimilar *(Aflibercept ayyh)*
- **Yesafili®** (Biocon Biologis, Indien) – Biosimilar *(Aflibercept-jbvf)*

Dosis

- 2 mg/0,05 ml (Eylea® 2 mg und Biosimilars) oder 8 mg/0,07 ml (Eylea® 8 mg) intravitreal.

nAMD

- Eylea® 2 mg (2 mg/0,05 ml):
  - *Initial:* Drei aufeinanderfolgende monatliche Injektionen (alle 4 Wochen).
  - *Erhaltungsphase:*
    a) Injektionen alle 8 Wochen, wenn aktiv.
    b) „Treat & Extend“: Die Intervalle können in Schritten von 2 bis 4 Wochen verlängert werden, solange keine Aktivität vorliegt. Wenn sich funktionelle und/oder morphologische Befunde verschlechtern, sollte das Behandlungsintervall verkürzt werden. Eine Nachkontrolle zwischen den einzelnen Injektionen ist nicht erforderlich. Die Überwachungsintervalle können häufiger sein als die Injektionsintervalle. Behandlungsintervalle von mehr als 4 Monaten oder weniger als 4 Wochen zwischen den Injektionen sind nicht untersucht worden. *Klinische Studien der Phase III: VIEW 1 und VIEW 2; VISTA.*
- Eylea® 8 mg (8 mg/0,07 ml): Anfänglich 1 Injektion pro Monat für 3 Monate (Aufladephase), danach kann das Intervall auf 4 Monate verlängert werden. Wenn die Ergebnisse stabil sind, kann das Intervall auf bis zu 5 Monate verlängert werden. *Klinische Studie PULSAR.*

DMÖ

- Eylea® 2 mg/0,05 ml:
  - *Initial:* Fünf aufeinanderfolgende monatliche Injektionen,
  - *Erhaltungsphase*:
    a) Injektionen alle acht Wochen, wenn aktiv.
    b) Treat & Extend, abhängig von der Stabilität der morphologischen und funktionellen Befunde. *Klinische Studien der Phase III: VIVID (einschließlich VIVID-EAST und VIVID-Japan) und VISTA;* ▸ DRCR.net-*Protokoll.*
- Eylea® 8 mg (8 mg/0,07 ml): Zunächst 1 Injektion pro Monat für 3 Monate (Ladephase), danach kann das Intervall auf 4 Monate verlängert werden. Wenn die Ergebnisse stabil sind, kann das Intervall auf bis zu 5 Monate verlängert werden. *Klinische PHOTON-Studie.*

RVV-Makulaödem (VAV oder ZVV)

- Eylea® 2 mg/0,05 ml:
  - *Initial:* Monatliche Injektionen (mindestens drei), bis die maximale Sehschärfe erreicht ist und/oder die Krankheitsaktivität verschwindet.
  - *Erhaltungsphase:* Weitere intravitreale Injektionen sind je nach klinischem Fortschritt und OCT-Befund erforderlich. *Klinische Studien der Phase III: GALILEO und COPERNICUS; VIBRANTE.*

pmMNV

- Eylea®2 mg/0,05 ml:
  - *Initial:* eine einzige Injektion.
  - *Folgebehandlung:* Zusätzliche Injektionen nach Bedarf (PRN), wenn die Aktivität wieder auftritt. Der Abstand zwischen den Injektionen sollte mindestens 4 Wochen betragen.
  - *Klinische Studien der Phase III: MYRROR.*

MRV bei Verdacht auf okuläres Histoplasmose-Syndrom (POHS)

Eylea® 2 mg/0,05 ml alle 4 Wochen (3 Dosen), gefolgt von Injektionen alle 8 Wochen (4 Dosen), oder alternativ: 2 mg/0,05 ml zu Beginn und monatlich nach Bedarf (PRN). *Phase I/II-Studie: HANDLE.*

Frühgeborenen-Retinopathie

- Eylea® (40 mg/ml): 0,4 mg/0,01 ml durch intravitreale Injektion. Die Behandlung kann beidseitig am selben Tag verabreicht werden. Wenn die Krankheit innerhalb von 6 Monaten nach Beginn der Behandlung wieder auftritt, kann eine zweite Injektion in jedes Auge gegeben werden. Zwischen zwei Injektionen in dasselbe Auge sollten mindestens 4 Wochen vergehen.
- Nur die Fertigspritze mit 40 mg/ml Aflibercept sollte mit dem pädiatrischen Dosiergerät (PICLEO) und einer 30G × ½″ Injektionsnadel verwendet werden.
- Eylea® (0,4 mg/0,01 ml) ist für die Behandlung der Frühgeborenen-Retinopathie in den folgenden Stadien zugelassen: Zone I (Stadium 1+, 2+, 3 oder 3+), Zone II (Stadium 2+ oder 3+) und aggressive Frühgeborenen-Retinopathie (A-ROP). *Klinische Studie FIREFLEYE.*

Dosierungsform

Vier verschiedene Möglichkeiten zur Verabreichung von Aflibercept (Eylea®):

1) *Fertigspritze:* Enthält ein aufziehbares Volumen von mindestens 0,09 ml, was mindestens 3,6 mg Aflibercept entspricht. Diese Menge reicht aus, um eine Einzeldosis von 0,05 ml mit 2 mg Aflibercept zu verabreichen (Eylea® 2 mg).
2) *OcuClick™ Fertigspritze* (im September 2024 von der EMA zugelassen): 0,07 ml Eylea® mit 8 mg Aflibercept.
3) Aflibercept (Eylea® 40 mg/ml), *vorgefüllte Spritze* mit pädiatrischer Dosiervorrichtung (PICLEO). Die PICLEO-Vorrichtung wird zwischen der Spritze und der 30G × ½″-Injektionsnadel angeschlossen und gibt über einen Dosierknopf ein festes Volumen von 10 µl ab, das zwischen 8 und 14 µl liegt.
4) *Injektionslösung:*
   a. Eylea® 2 mg: Enthält ein extrahierbares Volumen von mindestens 0,1 ml, was mindestens 4 mg Aflibercept entspricht. Diese Menge reicht aus, um eine Einzeldosis von 0,05 ml mit 2 mg Aflibercept zu verabreichen.
   b. Eylea® 8 mg: 1 ml der Lösung enthält 114,3 mg Aflibercept. Jede Durchstechflasche enthält 0,263 ml, d. h. eine verwendbare Menge zur Verabreichung einer Einzeldosis von 0,07 ml mit 8 mg Aflibercept.

Zugelassen für intravitreale Therapie?

- Ja, im November 2011 wurde Eylea® für die Behandlung von AMD in den USA, Japan, Australien, der Schweiz und anderen Ländern zugelassen.
- Am 27. November 2012 wurde Eylea® von der Europäischen Kommission für die Behandlung von Patienten mit AMD zugelassen.
- Im September 2012 wurde Eylea® in den USA auch für die Behandlung des Makulaödems nach Zentralvenenverschluss (ZVV oder VAV) zugelassen.
- Im Dezember 2022 erhielt Eylea® die EU-Zulassung für die Behandlung der Frühgeborenen-Retinopathie.
- Im Februar 2023 hat die FDA Eylea® für die Behandlung der Frühgeborenen-Retinopathie (ROP) bei Säuglingen zugelassen (randomisierte klinische Studie FIREFLEYE).
- In den USA wurde Aflibercept 8 mg unter dem Markennamen Eylea® HD im August 2023 von der FDA zugelassen.
- Im Januar 2024 hat die Europäische Kommission die 8-mg-Dosis von Eylea® für die Behandlung von nAMD (PULSAR-Studie) und DMÖ (PHOTON-Zulassungsstudie) zugelassen.

Biosimilars?

- Ja, ab 20. September 2023. Biocon Biologics Ltd., eine Tochtergesellschaft von Biocon Ltd., hat von der Europäischen Kommission (EK) die Genehmigung für das Inverkehrbringen von Yesafili® (*Aflibercept-jbvf*) in der Europäischen Union (EU) erhalten. Die von der Europäischen Kommission erteilte zentralisierte Genehmigung für das Inverkehrbringen gilt in allen EU-Mitgliedstaaten sowie in den Ländern des Europäischen Wirtschaftsraums (EWR) Island, Liechtenstein und Norwegen.
- Am 20. Mai 2024 ließ die FDA Yesafili® (Aflibercept-jbvf) und Opuviz® (*Aflibercept-yszy*) in den USA zu. Am 28. Juni 2024 ließ die FDA außerdem Ahzantive® (*Aflibercept-mrbb*) als Biosimilar von Aflibercept in den USA zu.
- Die FDA hat Enzeevu® (*Aflibercept-abzv*) von Sandoz im August 2024 für die Behandlung der feuchten altersbedingten Makuladegeneration (AMD) zugelassen (Mylight-Studie).
- Pavblu® (*Aflibercept-ayyh*) von Amgen wurde am 23. August 2024 von der FDA zugelassen.
- Am 19. September 2024 gab der Ausschuss für Humanarzneimittel (CHMP) ein positives Gutachten ab, in dem er die Erteilung einer Genehmigung für das Inverkehrbringen von Afqlir® (Sandoz GmbH) zur Behandlung von nAMD, Makulaödemen infolge eines Netzhautvenenverschlusses (verzweigte oder zentrale RVO), diabetischem Makulaödem (DMÖ) und pmMNV empfiehlt.
- Ebenfalls am 19. September 2024 gab der Ausschuss für Humanarzneimittel (CHMP) ein positives Gutachten ab, in dem er die Erteilung einer Genehmigung für das Inverkehrbringen von Opuviz® (*Aflibercept-yszy*) zur Behandlung von nAMD, Makulaödemen infolge eines Netzhautvenenverschlusses (VAV und ZVV), diabetischem Makulaödem (DMÖ) und pmMNV empfiehlt.

Weitere Aflibercept-Biosimilars befinden sich derzeit in der Entwicklung (siehe ▶ Abschn. 2.4.1).

Nebenwirkungen und Komplikationen: (siehe ▶ Tab. 2.1, Seite 114)

- Diese hängen mit der Technik der intravitrealen Anwendung sowie mit den pharmakologischen Eigenschaften des Arzneimittels zusammen (siehe ▶ Tab. 2.1., Seite 114).

Chemische Bezeichnung

Fusionsprotein für den Rezeptor des vaskulären endothelialen Wachstumsfaktors VEGFR1 (synthetisches Fragment der menschlichen Immunglobulindomäne 2) mit dem Fusionsprotein für den Rezeptor des vaskulären endothelialen Wachstumsfaktors VEGFR2 (synthetisches Fragment der menschlichen Immunglobulindomäne 3) mit dem (synthetischen) Fc-Fragment des Immunglobulins G1), Dimer.

Summenformel

$C_{4318}H_{6788}N_{1164}O_{1304}S_{32}$

Molare Masse

115 kDa

Alteplase

- Fibrinolytisches Medikament.

Indikationen

- Alteplase wird in der Augenheilkunde intravitreal zur Behandlung von subretinalen Blutungen eingesetzt, insbesondere bei neovaskulärer AMD („*off label*“).

- Alteplase ist ein rekombinantes, gentechnisch hergestelltes Medikament, das als rekombinanter Gewebeplasminogenaktivator (rTPA) wirkt.
- Der gewebespezifische Plasminogenaktivator (t-PA) ist ein Enzym, das unter physiologischen Bedingungen aus der Gefäßwand von Endothelzellen freigesetzt wird und als Aktivator der Fibrinolyse wirkt.
- Protein mit subretinaler Wirkung, das erstmals 1996 in der vitreoretinalen Chirurgie verwendet wurde.
- Es handelt sich um eine Serinprotease (bestehend aus 527 Aminosäuren), die Plasminogen direkt in Plasmin umwandelt und so die Blutgerinnung hemmt.
- Alteplase wurde allein oder in Kombination mit gefilterter Luft und Anti-VEGF Medikamenten zur Behandlung von subretinalen Blutungen in verschiedenen klinischen Szenarien eingesetzt.
- Eine akute subretinale Blutung ist eine Komplikation, die mit verschiedenen klinischen Zuständen einhergeht, wie z. B. nAMD, retinale Makroaneurysmen und polypoidale Vaskulopathie.
- Im Allgemeinen gilt eine Dosis von 50 µg rTPA intravitreal oder 10–20 µg *subretinal* als nicht toxisch für die Retina.

Dosis

- 25 µg/0,1 ml zur *intravitrealen* Verabreichung.
- 12,5 µg/0,1 ml mit einer 41-Gauge-Kanüle in den *subretinalen Raum* injiziert.
- Für die Behandlung von fibrinösen Entzündungen der *Vorderkammer* wird in der Regel eine niedrigere Dosis von 10 µg/0,1 ml verwendet.

Zugelassen für intravitreale Therapie?

- Nein. Anwendung intravitreal *„off label“*.

Handelsname

- Actilyse® (Boehringer Ingelheim Pharma GmbH, DE). Dieses Medikament ist nicht primär für die intraokulare Injektion bestimmt!

Nebenwirkungen und Komplikationen: (siehe ▶ Tab. 2.1, Seite 114)

- Diese hängen mit der Technik der intravitrealen Anwendung sowie mit den pharmakologischen Eigenschaften des Arzneimittels zusammen (siehe ▶ Tab. 2.1., Seite 114).
- Alteplase, das in Dosen unter 50 µg zur Behandlung von submakulären Blutungen eingesetzt wird, scheint sicher zu sein.
- Höhere Dosen, insbesondere solche von annähernd 100 µg, können eine Retinatoxizität verursachen. Zu den möglichen unerwünschten Wirkungen bei diesen höheren Dosen gehören Hyperpigmentierung des retinalen Pigmentepithels, verzerrte B-Wellen im ERG, exsudative Amotio retinae, Glaskörperblutungen usw.
- Die sehr kurze Halbwertszeit von Alteplase (etwa fünf Minuten) reduziert das Potenzial für Toxizität und Arzneimittelwechselwirkungen, wenn es in den oben genannten Dosen verabreicht wird.

Summenformel

$C_{2569}H_{3928}N_{746}O_{781}S_{40}$

Molare Masse

59,0 kDa

Amikacin

- Bakterizides Antibiotikum aus der Gruppe der Aminoglykoside.

Indikationen

- Bakterielle Endophthalmitis *(„off label“)*.

- Abgeleitet von Kanamycin A durch Acetylierung mit einer S-4-Amino-2-hydroxybutyryl(AHB)-Seitenkette an Position 1 seines Desoxystreptaminanteils.
- Es hat viele physikalische, chemische, pharmakologische und toxikologische Eigenschaften mit Kanamycin gemeinsam.

- Es hat ein breiteres antibakterielles Spektrum als Kanamycin, Gentamicin und Tobramycin.
- Besonders wirksam gegen gramnegative Bakterien: *Pseudomonas aeruginosa, Escherichia coli, Klebsiella pneumoniae, Proteus spp, Serratia marcescens, Enterobacter spp und Acinetobacter spp.*
- Nicht wirksam gegen anaerobe Bakterien.
- Mögliche Retinatoxizität von intravitrealem Amikacin. Studien haben gezeigt, dass es nach wiederholten Injektionen histologische Hinweise auf eine toxische Reaktion der Retina gab, die hauptsächlich die äußere Netzhaut und das retinale Pigmentepithel betraf.
- Vergleichende Toxizitätsstudien haben gezeigt, dass Amikacin weniger toxisch ist als Gentamicin, Netilmicin und Tobramycin, aber toxischer als Kanamycin.

Dosis

- 400 µg/0,1 ml

Zugelassen für intravitreale Therapie?

- Nein, Anwendung intravitreal *„off label"*.

Nebenwirkungen und Komplikationen: (siehe ▶ Tab. 2.1, Seite 114)

- Diese hängen mit der Technik der intravitrealen Anwendung sowie mit den pharmakologischen Eigenschaften des Arzneimittels zusammen (siehe ▶ Tab. 2.1., Seite 114).
- Im Allgemeinen verursachen alle Aminoglykoside nach hohen intravitrealen Dosen Retinaveränderungen. Nach intraokularer Verabreichung von Amikacin wurde häufig über Netzhautgefäßinfarkte berichtet.
- Die Toxizität von Amikacin scheint über mehrere Wege vermittelt zu werden: direkte neurotoxische Wirkungen auf Netzhautzellen, Gefäßschäden, die zu einer Ischämie der Retina führen, Ansammlung von amorphem und körnigem Material im subepithelialen Raum.
- Der Schweregrad der Retinatoxizität ist dosisabhängig. In Tierversuchen zeigten die Aminoglykoside deutliche Unterschiede in der Schwellendosis, die erforderlich ist, um toxische Reaktionen hervorzurufen, wobei Gentamicin am toxischsten war, gefolgt von Netilmicin und Tobramycin, während Amikacin und Kanamycin am wenigsten toxisch waren.
- Amikacin gilt zwar als weniger toxisch als Gentamicin, birgt aber bei intravitrealer Anwendung immer noch ein erhebliches Risiko einer Retinatoxizität. Das Potenzial für schwere und irreversible Retinaschäden erfordert eine sorgfältige Abwägung des Einsatzes von Amikacin bei intraokularen Anwendungen, und es sollten nach Möglichkeit alternative Antibiotika in Betracht gezogen werden.

Chemische Bezeichnung

(*2S*)-4-Amino-N-[(*2S*,*3S*,*4R*,*5S*)-5-amino-2-[(*2S*,*3R*,*4S*,*5S*,*6R*)-4-amino-3,5-dihydroxy-6-(hydroxymethyl)oxan-2-yl]oxy-4-[(*2R*,*3R*,*4S*,*5R*,*6R*)-6-(Aminomethyl)-3,4,5-trihydroxy-oxan-2-yl]oxy-3-hydroxy-cyclohexyl]-2-hydroxy-butanamid

Summenformel

$C_{22}H_{43}N_5O_{13}$

Molare Masse

585,6 g mol^{-1}

Amphotericin B

- Polyen-Antimykotikum.

Indikationen

- Mykotische Endophthalmitis („*off label*").

- Amphotericin B wurde erstmals 1955 beschrieben. Die FDA-Zulassung als *systemisches* Medikament wurde 1959 erteilt.
- Amphotericin B ist ein Polyen-Makrolacton aus *Streptomyces nodosum*, einem Actinobakterium der Gattung Streptomyces.
- Es wird zur Therapie von durch *Candida, Cryptococcose, Aspergillose, Kokzidioidomykose, Histoplasmose, Nordamerikanische Blastomykose und Paracoccidioidomykose (Südamerikanische Blastomykose)* verursachten Mykosen eingesetzt.
- Es wirkt auch gegen Protozoen wie *Trichomonaden* und *Trypanosomen.*
- Wirkmechanismus: Wenn Amphotericin B an Ergosterol in der Pilzzellmembran bindet, bilden sich Poren in der Pilzzellmembran, die die Membrandurchlässigkeit erhöhen. Dies führt zu einem Verlust von wichtigen intrazellulären Ionen und Molekülen. Das daraus resultierende ionische und osmotische Ungleichgewicht führt zur Zelllyse und zum Absterben der Pilzzellen.
- Je nach Konzentration hat Amphotericin B eine fungistatische oder fungizide Wirkung.
- Die minimale Hemmkonzentration (MHK) von Voriconazol gegen verschiedene Pilzisolate ist niedriger als die von Amphotericin B, und Voriconazol soll zweifellos weniger toxisch für die Retina sein.
- Die Halbwertszeit von Voriconazol in einem vitrektomierten Auge beträgt etwa 8 Stunden im Vergleich zu >24 Stunden für Amphotericin B. Daher erfordert die intraokulare Behandlung mit Voriconazol häufige Glaskörperinjektionen.

Dosis

- 5 µg bis 10 µg/0,1 ml

Zugelassen für intravitreale Therapie?

- Nein. Es wird „*off label*" intravitreal verwendet.

Nebenwirkungen und Komplikationen: (siehe ▶ Tab. 2.1, Seite 114)

- Diese hängen mit der Technik der intravitrealen Anwendung sowie mit den pharmakologischen Eigenschaften des Arzneimittels zusammen (siehe ▶ Tab. 2.1., Seite 114).

Chemische Bezeichnung

(1R,3S,5R,6R,9R,11R,15S,16R,17R,18S,19E,21E,23E,25E,27E,29E,31E,33R,35S,36R,37S)-33-{[(2R,3S,4S,5S,6R)-4-amino-3,5-dihydroxy-6-methyloxan-2-yl]oxy}-1,3,5,6,9,11,17,37-octahydroxy-15,16,18-trimethyl-13-oxo-14,39-dioxabicyclo[33.3.1]nonatriaconta-19,21,23,25,27,29,31-heptaene-36-carboxylic acid

Summenformel

$C_{47}H_{73}NO_{17}$

Molare Masse

924,08 g mol^{-1}

Avacincaptad Pegol

- Komplement-C5-Protein-Inhibitor.

Indikationen

- Behandlung der geografischen Atrophie (GA) als Folge der altersbedingten Makuladegeneration.

- Der Komplementfaktor C5 ist ein zentraler Bestandteil der Komplementkaskade und es wird vermutet, dass er an der Entstehung und dem Fortschreiten der trockenen AMD beteiligt ist. Avacincaptad Pegol wurde entwickelt, um den Komplementfaktor C5 zu erkennen und zu hemmen.
- Avacincaptad pegol ist ein RNA-Aptamer, ein PEGyliertes Oligonukleotid, das an das Komplementprotein C5 bindet und es hemmt. Diese Wirkung kann die Bildung von terminalen Fragmenten (C5a und C5b-9) verhindern, unabhängig davon, welcher ursprüngliche Aktivierungsweg (klassisch, alternativ oder Lektin) ihre Entstehung ausgelöst hat.
- Durch die Hemmung dieser C5-vermittelten Entzündungs- und Membranangriffskomplex (MAC)-Aktivitäten soll Avacincaptad Pegol die Retinaarchitektur erhalten und das Fortschreiten der geografischen Atrophie als Folge der AMD verlangsamen. Trotz der Hemmung der C5-Aktivierung hemmt Avacincaptad Pegol nicht die Spaltung der Komplementkomponente 3 (C3) in C3a und C3b.
- Dieser Wirkmechanismus verlangsamt die Degeneration der retinalen Pigmentepithelzellen (RPE), was die therapeutische Grundlage für GA bei trockener AMD darstellt.
- Absorption: Maximale Plasmakonzentration: 68,4 ng/ml (Einzeldosis), Plasmaspitzenzeit: 7 Tage (Einzeldosis).

- Metabolismus: Wird durch Endonukleasen und Exonukleasen zu kürzeren Oligonukleotiden abgebaut.
- Ausscheidung: Kann über die Nieren in ähnlicher Weise wie endogene RNA ausgeschieden werden.
- Halbwertszeit (geschätzt): Circa 12 Tage.

Handelsname

- Izervay™ (Astellas Pharma Inc. Tokyo, Japan).

Dosis

- 2 mg/0,1 ml (0,1 ml einer 20 mg/ml-Lösung) intravitreal einmal im Monat (etwa alle 28 Tage, mit einer möglichen Abweichung von plus/minus 7 Tagen).
- Die Dauer der Therapie kann je nach Ansprechen des Patienten auf die Behandlung auf bis zu 12 Monate oder länger verlängert werden.

Zugelassen für intravitreale Therapie?

- Ja, Izervay™ wurde am 5. August 2023 von der FDA zugelassen.

  Der FDA-Zulassungsantrag wurde durch die klinischen Studien GATHER1 und GATHER2 unterstützt. Der primäre Endpunkt war die Verringerung der Rate des Fortschreitens der geografischen Atrophie, gemessen an der Fläche dieser Läsionen zu Studienbeginn, nach sechs und nach zwölf Monaten mittels Fundus-Autofluoreszenz-Bildgebung: Beide Studien zeigten eine statistisch signifikante Verringerung der Rate des Fortschreitens der geografischen Atrophie bei den mit Avacincaptad Pegol behandelten Patienten im Vergleich zur Scheinbehandlungsgruppe. Eine Verlangsamung des Fortschreitens der Krankheit wurde nach 6 Monaten beobachtet, mit einem Rückgang von bis zu 35 % im ersten Jahr der Behandlung.
- In Europa hat Astellas Pharma Inc. seinen Zulassungsantrag für Avacincaptad Pegol bei der EMA im Oktober 2024 zurückgezogen.

Biosimilars?

- Nein.

Nebenwirkungen und Komplikationen: (siehe ▶ Tab. 2.1, Seite 114)

- Diese hängen mit der Technik der intravitrealen Anwendung sowie mit den pharmakologischen Eigenschaften des Arzneimittels zusammen (siehe ▶ Tab. 2.1., Seite 114).
- Ihre Verwendung kann mit einer erhöhten Rate an nAMD oder choroidaler Neovaskularisation verbunden sein.

Summenformel

$C_{395}H_{453}F_{21}N_{142}Na_{39}O_{262}P_{39}$

Molare Masse

13885,245 g mol^{-1}

B

Balanced salt solution (BSS)

- Lösung mit gepuffertem pH-Wert, verschiedenen Elektrolyten und isotonischer Salzkonzentration.

Indikationen

- Vorübergehender Glaskörperersatz bei Luft- oder Flüssigkeitsaustausch in der vitreoretinalen Chirurgie:
  - **BSS®**: Indiziert zur Verwendung als extraokulare und intraokulare Spüllösung während eines okulären chirurgischen Eingriffs, der eine Perfusion des Auges mit einer erwarteten maximalen Dauer von weniger als 60 Minuten beinhaltet.
  - **BSS PLUS®**: Indiziert zur Verwendung als intraokulare Spüllösung bei intraokularen chirurgischen Eingriffen, die eine Perfusion des Auges erfordern.

- Glaskörperraumfüllende Flüssigkeit, die aufgrund ihrer geringen Oberflächenspannung keine tamponierenden Eigenschaften auf die Retina hat.
- BSS® und BSS-Plus® haben im Vergleich zu Ringer-Lactat(LR)-Lösung weniger lang anhaltende negative Auswirkungen auf die Elektroretinographie (ERG). BSS-Plus® würde dazu beitragen, die oxidativen Auswirkungen der Bildung freier Radikale während der vitreoretinalen Chirurgie zu bekämpfen und so die Retina und Choroidea zu schützen.
- BSS® wurde als Medikamententräger für den Glaskörper und die Retina verwendet.
- Alle BSS® sind von Ringer-Lösung abgeleitet.

Handelsname

- BSS® und BSS Plus® (Alcon Laboratories, USA).

Zusammensetzung

- **BSS®** (Alcon Laboratories, USA): Zusammensetzung pro 1 ml: Natriumchlorid (NaCl) 6,4 mg, Kaliumchlorid (KCl) 0,75 mg, Calciumchlorid-Dihydrat ($CaCl_2 \cdot 2H_2O$) 0,48 mg, Magnesiumchlorid-Hexahydrat ($MgCl_2$ $6H_2O$) 0,3 mg, Natriumacetat-Trihydrat ($C_2H_3NaO_2 \cdot 3H_2O$) 3,9 mg, Natriumcitrat-Dihydrat ($C_6H_5Na_3O_7 \cdot 2H_2O$) 1,7 mg, Natriumhydroxid und/oder Salzsäure (zur Einstellung des pH-Werts) und Wasser für die Injektion. Der pH-Wert beträgt etwa 7,5. Die Osmolalität beträgt etwa 300 mOsm/Kg.
- **BSS Plus®** (Alcon Laboratories, USA): Zusammensetzung pro 1 ml (nach vollständiger Zubereitung): Natriumchlorid 7,14 mg (122,17 mmol), Kaliumchlorid 0,38 mg (5,097 mmol), Calciumchlorid-Dihydrat 0,154 mg (1,04754 mmol), Magnesiumchlorid-Hexahydrat 0,2 mg (0,983767 mmol), zweibasisches Natriumphosphat 0,42 mg (2,95858 mmol), Natriumbicarbonat 2,1 mg (24,998 mmol), Dextrose 0,92 mg (5,1067 mmol), Glutathiondisulfid (oxidiertes Glutathion) 0,184 mg (0,3003 mmol), Salzsäure und/oder Natriumhydroxid (zur Einstellung

des pH-Werts), in Wasser für Injektionszwecke. Das rekonstituierte Produkt hat einen pH-Wert von etwa 7,4. Die Osmolalität beträgt etwa 305 mOsm.

Nebenwirkungen und Komplikationen: (siehe ▶ Tab. 2.1, Seite 114)

- Diese hängen mit der Technik der intravitrealen Anwendung sowie mit den pharmakologischen Eigenschaften des Arzneimittels zusammen (siehe ▶ Tab. 2.1., Seite 114).

Bevacizumab

- VEGF-A-Inhibitor.

Indikationen

- Zugelassen:
  - MNV bei nAMD: Bevacizumab, vertrieben unter dem Namen Lytenava® (Outlook Therapeutics Limited, USA).
- *„Off label"*:
  - Makulaödem infolge eines Zentralvenenverschlusses (ZVV).
  - Makulaödem als Folge eines Netzhautvenenverschlusses (VAV).
  - Diabetisches Makulaödem (DMÖ).
  - Subfoveale und juxtafoveale MNV als Folge einer pathologischen Myopie (pmMNV).
  - Seltene Formen von MNV, z. B. Postinflammation bei Uveitis.
  - Frühgeborenen-Retinopathie.
  - Sekundäre makuläre Neovaskularisation (sMNV) in der Regel aufgrund einer zentralen serösen Retinopathie (CSR).

- Bevacizumab ist seit 2005 unter dem Namen Avastin® (Roche) für den Einsatz in der *Onkologie* zugelassen.
- Erster antiangiogener Wirkstoff in der Medizin.
- Humanisierter monoklonaler Antikörper (Subtyp IgG1), der gegen den vaskulären Wachstumsfaktor VEGF-A gerichtet ist.
- Bevacizumab bindet an VEGF und verhindert die Bindung von VEGF-A an seine Rezeptoren, VEGFR-1 (Flt-1) und VEGFR-2 (Flk-1/KDR), die sich auf der Oberfläche von Endothelzellen befinden.
- Es wirkt als antiangiogenes Medikament, indem es die Bildung neuer Blutgefäße bei nAMD verhindert.
- Es war der erste Anti-VEGF, der intravitreal (*„off label"*) eingesetzt wurde.
- Es ist in Kombination mit anderen Arzneimitteln für die systemische onkologische Behandlung zugelassen, z. B. bei metastasierendem Dickdarm- oder Enddarmkrebs, metastasierendem Brustkrebs oder fortgeschrittenem, metastasierendem oder rezidivierendem, nicht resezierbarem nicht-kleinzelligem Lungenkrebs.
- Im Jahr 2024 wurde Bevacizumab (*-vikg oder gamma*) von der FDA und der EMA zum ersten Mal für die intravitreale Anwendung bei nAMD zugelassen.

- Die typische Dosis von intravitrealem Bevacizumab beträgt 1,25 mg und ist damit etwa 150-mal niedriger als die in der Krebsbehandlung verwendete systemische Dosis.

Handelsname

- Lytenava® (Outlook Therapeutics Limited) – in der EU und im Vereinigten Königreich für die intravitreale Anwendung bei nAMD zugelassen.
- Avastin® (Roche, CH) – *(„off label")*
- Bevatas® (Intas Pharmaceuticals, Indien). In Indien vermarktet.
- Yriviak® (Richmond, Argentinien): nAMD; zugelassen im Jahr 2024 und vertrieben in Argentinien.
- Zybev® Zydus Cadila (Ahmedabad, Indien) wurde 2017 von der DGCI zugelassen und in Indien vertrieben.

Dosis

Bei Erwachsenen

- 1,25 mg/0,05 ml.

Im Allgemeinen gibt es zwei intravitreale Applikationsschemata:

- *PRN:* Injektionen nur bei Anzeichen von Krankheitsaktivität. Der Patient wird häufig untersucht (Visus; Makula-OCT) und erhält die Injektion nur, wenn eine Reaktivierung vorliegt.
- *„Treat & Extend":*
  - *Anfangsphase*: Mindestens 3 aufeinanderfolgende monatliche Injektionen, bis keine Anzeichen von Krankheitsaktivität mehr vorhanden sind.
  - *Erhaltung*: Bleibt die Krankheit inaktiv, wird der Abstand zwischen den Injektionen allmählich verlängert (in der Regel in 2-Wochen-Schritten), bis zu einem Maximum von 12 Wochen.
  - *Reaktivierung:* Wenn die Krankheit wieder aktiv ist, wird der Abstand zwischen den Injektionen verkürzt, bis die Aktivität abklingt, und man versucht, den Abstand wieder zu verlängern.

Säuglinge

- Für die Behandlung von Zone I+ ROP bei Säuglingen: 0,675 mg/00,03 ml (*„off label"*).

Zugelassen für intravitreale Therapie?

- Am 27. Mai 2024 erhielt Lytenava® *(Bevacizumab-vikg)* von der EMA eine EU-weit gültige Zulassung für die Therapie von nAMD. Lytenava® ist in den USA nicht von der FDA zugelassen: Outlook Therapeutics hat einen neuen Antrag auf eine Biologics License Application (BLA) eingereicht, der von der FDA akzeptiert wurde und einen angestrebten Entscheidungstermin (PDUFA) am 27. August 2025 hat.

- Seit Jahren wird Bevacizumab – ursprünglich als Avastin® vermarktet – intravitreal *„off label"* eingesetzt. Es gibt mehrere wichtige Studien, die die Wirksamkeit von Bevacizumab für die intravitreale Anwendung im Auge bei verschiedenen Retinaerkrankungen belegen:
- **CATT-Studie (Comparison of Age-related macular degeneration Treatments Trials)**: Diese in den USA durchgeführte randomisierte kontrollierte Studie verglich die Wirksamkeit von Bevacizumab (und Ranibizumab) bei der Behandlung von nAMD.
- **IVAN-Studie**: Eine ähnliche randomisierte kontrollierte Studie wurde im Vereinigten Königreich durchgeführt, um Bevacizumab und Ranibizumab bei nAMD zu vergleichen.
- **VIBERA-Studie**: Diese wurde in Deutschland durchgeführt und verglich ebenfalls Bevacizumab mit Ranibizumab bei nAMD.
- **NORSE-TWO-Studie**: Untersucht wurde die Wirksamkeit von Bevacizumab *gamma* im Vergleich zu Ranibizumab. Der primäre Wirksamkeitsendpunkt wurde erreicht, und die statistische Signifikanz fiel zugunsten von Bevacizumab *gamma* aus.
- **Metaanalyse**: Eine Metaanalyse aller veröffentlichten Studien zur Behandlung der nAMD mit Bevacizumab wurde durchgeführt und zeigte eine nachweislich positive Wirkung bei der Behandlung der nAMD.
- **Vergleichsstudien mit PDT**: Einige Studien haben gezeigt, dass die intravitreale Injektion von Bevacizumab zu besseren Ergebnissen führt als die photodynamische Therapie (PDT) mit Verteporfin.
- **Internationaler „Safety Survey"**: Er sammelte Daten von 70 Zentren in 12 Ländern zu 5228 Patienten und zeigte, dass Bevacizumab nicht nur häufiger eingesetzt wird als Ranibizumab, sondern auch ein vergleichbares Nebenwirkungsprofil aufweist.

Die Ergebnisse all dieser – und anderer – Studien legen nahe, dass Bevacizumab bei der Behandlung der nAMD Ranibizumab nicht unterlegen ist.

Biosimilars?

Ja, es gibt viele Biosimilars von Bevacizumab (◘ Tab. 1.1), die in der Regel in der Onkologie eingesetzt werden. Es gibt auch Biosimilars für die intraokulare Anwendung. In der EU ist nur Lytenava® von der EMA und im Vereinigten Königreich von der Regulierungsbehörde für Gesundheitsprodukte (MHRA) zugelassen, und zwar nur für die Behandlung von nAMD.

Nebenwirkungen und Komplikationen: (siehe ► Tab. 2.1, Seite 114)

- Diese hängen mit der Technik der intravitrealen Anwendung sowie mit den pharmakologischen Eigenschaften des Arzneimittels zusammen (siehe ► Tab. 2.1., Seite 114).

Chemische Bezeichnung

Immunglobulin G 1 (humaner vaskulärer endothelialer Wachstumsfaktor – humane monoklonale Maus rhuMAb-VEGF anti-humane γ-Kette), Disulfid mit humaner monoklonaler Maus rhuMAb-VEGF leichte Kette, Dimer.

Tab. 1.1 Liste der Bevacizumab-Biosimilars (nicht für die Anwendung in der Ophthalmologie)

Name des Biosimilars	*Hersteller/Partner*	*Genehmigungsphase*
Abevmy®	Mylan Pharmaceuticals (Südafrika)	DGCI (2017) EMA (2021)
Alymsys®	mAbxience/Amneal Pharmaceuticals (USA)/Alvogen Korea (Südkorea)/Zentiva (Europa)	FDA im April 2022 EMA im März 20217 *Bevacizumab-maly*
Avzivi®	Bio-Thera Solutions (China)/Sandoz	FDA im Dezember 2023 *Bevacizumab-tnjn*
Aybintio®	Samsung Bioepis	EMA: August 2020
BCD-021®	Biocad (Sankt Petersburg, Russland)	Russische Aufsichtsbehörde (2015)
Bevacirel®	Reliance Life Sciences (Mumbai, Indien)	DGCI (2016)
Cizumab®	Hetero (Hyderabad, Indien)	DGCI (2016)
Krabeva®	Biocon (Bangalore, Indien)	DGCI (2017)
Mvasi®	Amgen (Thousand Oaks, CA, USA)/Allergan (Dublin, Irland)	FDA (2017) EMA (2017) *Bevacizumab-awwb*
Oyavas®	mAbxience/Stada Arzneimittel	EMA: März 2021
Vegzelma®	Celltrion Healthcare (Südkorea)	EMA: August 2022
Zirabev®	Pfizer (USA)	FDA (2019) EMA (2019)

Summenformel

$C_{6638}H_{10160}N_{1720}O_{2108}S_{44}$

Molare Masse

149 kDa

Brillantblau

- In der vitreoretinalen Chirurgie verwendeter Farbstoff.

Indikationen

- Selektive Färbung der ILM.

- Anionischer Triarylmethan-Farbstoff.
- Auch bekannt als Acid Blue 90 und Coomassie BBG.
- Seit 2006 wird es in der vitreoretinalen Chirurgie eingesetzt (Enaida et al.).
- Es wird eine iso-osmolare Lösung mit einer Konzentration von 0,025 % verwendet.
- Mehrere Studien weisen auf eine hohe Affinität für die ILM und eine fehlende Retinatoxizität hin, was auf ein besseres Sicherheitsprofil als bei ICG schließen lässt.
- Es ist stärker wasserlöslich als ICG und IFCG und kann daher weniger gut in das Augengewebe eindringen.
- Die Zahl der gemeldeten unerwünschten Ereignisse ist bei BBG geringer als bei ICG.
- Allerdings kann eine versehentliche *subretinale* Migration von BBG bei einer Dosierung von 0,05 % zu einem zystoiden Makulaödem und einer anhaltenden Beeinträchtigung der Retinafunktion aufgrund einer direkten mechanischen und/oder toxischen Wirkung auf das Retinagewebe führen.
- Es ist im Handel erhältlich und in Europa und den USA von der FDA für die intraokulare Anwendung zugelassen.

Handelsname

- Brilliant Peel® (Fluoron, Ulm, DE), TissueBlue™ (DORC International).
- Ocublue Plus® (Aurolab, Madurai, Indien).
- TissueBlue™ (DORC International).
- Auch in Kombination mit Trypanblau erhältlich, z. B. Bio-Blue DUO® (Biotech Visioncare, Gujarat, Indien) und Membrane Blue-Dual® (DORC International), sowie mit Trypanblau und Lutein, z. B. Doubledyne®, Tripledyne® und Retidyne® (Kemin Industries, Inc., USA).
- ILM-BLUE® (DORC International) für die selektive Färbung der ILM besteht aus: 0,025 % BBG + 4 % Polyethylenglykol (PEG) (hochgereinigtes BBG, Mindestreinheit 97 %). Aufgrund seines integrierten Trägers, einer 4 %igen PEG-Lösung, kann ILM-BLUE® in ein mit BSS gefülltes Auge injiziert werden und sinkt sofort als kohäsive Kugel in den Augenhintergrund und färbt nur die ILM an, ohne in den Glaskörper zu diffundieren.

Konzentration

- 0,025 %

Zugelassen für intraokulare Anwendung?

- Brilliant Blue wurde 2007 in der Europäischen Union unter dem Namen Brilliant Peel® (Fluoron, Ulm, DE), TissueBlue™ (DORC International) zugelassen.
- TissueBlue™ war der erste von der FDA zugelassene Farbstoff (2019), der zur Unterstützung der vitreoretinalen Chirurgie durch selektive Färbung der inneren Grenzmembran (ILM) entwickelt wurde.

Nebenwirkungen und Komplikationen: (siehe ▶ Tab. 2.1, Seite 114)

- Diese hängen mit der Technik der intravitrealen Anwendung sowie mit den pharmakologischen Eigenschaften des Arzneimittels zusammen (siehe ▶ Tab. 2.1., Seite 114).
- In Studien mit dem Farbstoff wurden keine Anzeichen akuter Toxizität wie Entzündungen, Ödeme, Schädigungen des retinalen Pigmentepithels oder der Nervenfaserschicht sowie Gesichtsfelddefekte oder systemische Komplikationen beobachtet.
- Nach der Anwendung in den angegebenen Konzentrationen wurden keine Veränderungen des ERG festgestellt.

Chemische Bezeichnung

Dinatrium-[α,α-bis(4-ethyl(3-sulfonatobenzyl)aminophenyl)cyclohexa-2,5-dien-1-yliden]toluol-2-sulfonat

Summenformel

$C_{37}H_{34}N_2Na_2O_9S_3$

Molare Masse

792,85 $g{\cdot}mol^{-1}$

Brolucizumab

- VEGF-A-Inhibitor.

Indikationen

- nAMD.
- DMÖ.

- Brolucizumab bindet an alle VEGF-A-Isoformen (VEGF 110, VEGF 121 und VEGF 165) und verhindert somit die Bindung von VEGF-A an seine Rezeptoren VEGFR-1 und VEGFR-2.
- Brolucizumab ist das einzelsträngige Fragment einer variablen Region (scFv) eines humanisierten monoklonalen Antikörpers, der durch rekombinante DNA-Technologie in *Escherichia-coli-Zellen* hergestellt wird.
- Brolucizumab hat ein niedriges Molekulargewicht von nur 26 kDa, was die Penetration durch die Retina optimiert.
- Absorption: Spitzenplasmazeit: 24 Stunden; Spitzenplasmaspiegel: 49 ng/ml
- Stoffwechsel: Es wird angenommen, dass freies Brolucizumab durch Proteolyse metabolisiert wird.
- Die systemische Halbwertszeit nach intravitrealer Verabreichung beträgt etwa 4,4 Tage.
- Ausscheidung: Es wird angenommen, dass freies Brolucizumab über die Nieren zielvermittelt und/oder passiv ausgeschieden wird.

Dosis

- 6 mg/0,05 ml intravitreal.

Handelsname
- Beovu® (Novartis, CH)

nAMD
- *Anfangsphase:* 6 mg/0,05 ml intravitreal alle 4 Wochen für die ersten 3 Dosen. Alternativ können 6 mg Brolucizumab alle 6 Wochen für die ersten 2 Dosen verabreicht werden.
- *Erhaltungsphase:* Keine Aktivität: Injektionen alle 12 Wochen; mit Aktivität: alle 8 Wochen.

DMÖ
- *Anfangsphase:* Intravitreale Injektionen von 6 mg/0,05 ml alle 6 Wochen für die ersten 5 Dosen.
- *Erhaltungsphase:* Keine Aktivität: Injektionen alle 12 Wochen; mit Aktivität: alle 8 Wochen. Keine Aktivität nach 12 Monaten: Es ist möglich, die Abstände zwischen den Injektionen auf bis zu 16 Wochen zu verlängern:

Dosierungsform
Zwei verschiedene Formen:
1) Beovu® 120 mg/ml Lösung zur Injektion in einer Fertigspritze. Jede vorgefüllte Spritze enthält 19,8 mg Brolucizumab in 0,165 ml Lösung. Diese Menge ist ausreichend, um eine Einzeldosis von 0,05 ml Lösung mit 6 mg Brolucizumab zu verabreichen.
2) Beovu® 120 mg/ml Lösung zur Injektion. Jede Durchstechflasche enthält 27,6 mg Brolucizumab in 0,23 ml Lösung. Diese Menge reicht aus, um eine Einzeldosis von 0,05 ml Lösung mit 6 mg Brolucizumab zu injizieren.

Andere Inhaltsstoffe
Natriumcitrat, Saccharose, Polysorbat 80, Wasser für Injektionszwecke.

Zugelassen für die intravitreale Therapie?
- Ja, die FDA hat Beovu® zum ersten Mal am 7. Oktober 2019 für die Behandlung der neovaskulären AMD zugelassen. Im Juni 2022 hat die FDA Beovu® für eine zweite Indikation zugelassen: die Behandlung des diabetischen Makulaödems.
- Beovu® ist in der EU auch für die Behandlung von nAMD ab 2020 zugelassen. Die EMA hat Beovu® im April 2022 für die Behandlung von DMÖ zugelassen.

Biosimilars?
- Nein.

Nebenwirkungen und Komplikationen: (siehe ► Tab. 2.1, Seite 114)
- Diese hängen mit der Technik der intravitrealen Anwendung sowie mit den pharmakologischen Eigenschaften des Arzneimittels zusammen (siehe ► Tab. 2.1., Seite 114).
- Am 11. Juni 2020 genehmigte die FDA ein aktualisiertes Beovu®-Etikett, das zusätzliche Sicherheitsinformationen enthält und insbesondere die unerwünschten Ereignisse einer retinalen Vaskulitis und eines Netzhautgefäßverschlusses als Teil des Spektrums der in den klinischen Studien HAWK (NCT02307682) und HARRIER (NCT02434328) berichteten intraokularen Entzündungen beschreibt.

Intraokulare Entzündungen sind eine bemerkenswerte Nebenwirkung, die einigen Studien zufolge bei etwa 22 % der Patienten auftritt.

Chemische Bezeichnung
Anti-humanes vaskuläres endotheliales Wachstumsfaktor-A-Immunglobulin (monoklonales Fragment ESBA1008 human-Oryctolagus cuniculus scFv).

Summenformel
$C_{1164}H_{1768}N_{310}O_{372}S_8$

Molare Masse
26281,17 g mol^{-1}

Bromphenolblau (BPB)

- Vitalfarbstoff in der vitreoretinalen Chirurgie.

Indikationen
- Anfärbung der epiretinalen Membranen (ERM) und der ILM.

- Bromphenolblau ist ein Triphenylmethanfarbstoff.
- Es gehört zur Gruppe der Sulfonphthaleine.
- Für Bromphenol ist kein Luft-Flüssigkeits-Austausch erforderlich.
- Bei Untersuchungen am Menschen wurde keine offensichtliche Retinatoxizität festgestellt.
- Selektive Färbung von ILM, ERM und Glaskörper.
- Es kann in Konzentrationen von 0,13 % bis 0,20 % intravitreal injiziert werden.
- Aufgrund seiner Dichte (1,02–1,03 g/cm^3) lagert sich der Farbstoff schnell auf dem Fundus ab, ohne sich im Glaskörperraum zu verteilen.

Konzentration
- 0,13 %

Handelsname
- Brilliant Peel® Dual Dye (Fluoron, Ulm, DE).

Zusammensetzung und Eigenschaften von Brilliant Peel® Dual Dye
Inhalt pro 0,5 ml Spritze/Fläschchen: 0,125 mg Brillantblau G; 0,65 mg Bromphenolblau; 0,1 ml D2O; 0,95 mg Na2HPO4 × 2 H2O; 0,15 mg NaH2PO4 × 2 H2O; 4,1 mg NaCl und 0,5 ml Wasser für Injektionszwecke

Zugelassen für intravitreale Anwendung?
- Nicht von der FDA zugelassen. In den USA gibt es keine kommerziellen Formulierungen.

- In Europa in einer *kombinierten* Formulierung mit Brillantblau im Handel erhältlich: Brilliant Peel® Dual Dye (Fluoron, Ulm, De).

Nebenwirkungen und Komplikationen: (siehe ▶ Tab. 2.1, Seite 114)

Diese hängen mit der Technik der intravitrealen Anwendung sowie mit den pharmakologischen Eigenschaften des Arzneimittels zusammen (siehe ▶ Tab. 2.1., Seite 114).

- Patientenstudien haben keine signifikanten histologischen Anomalien nach der Anwendung von BPB in Standardkonzentrationen gezeigt, was auf eine gute Biokompatibilität bei Anwendung der empfohlenen Dosis schließen lässt.

Chemischer Name

4,4'-(1,1-Dioxy-3H-2,1-benzoxathiazol-3,3-diyl) bis(2,6-dibromphenol)

Chemische Bezeichnung

3,3‘,5,5‘-Tetrabromphenolsulfonphthalein

Summenformel

$C_{19}H_{10}Br_4O_5S$

Molare Masse

669,96 g mol^{-1}

C

Caspofungin

- Antimykotikum.

Indikationen

- Mykotische Endophthalmitis („*off label*“).

- Antimykotikum und das erste Mitglied einer neuen Klasse von Arzneimitteln, den Echinocandinen.
- Caspofungin zeigt eine starke antimykotische Wirkung gegen Candida- und Aspergillus-Arten.
- Es ist sowohl *in vitro* als auch *in vivo* bei klinischen Infektionen gegen die meisten Stämme von *Aspergillus fumigatus, Aspergillus flavus, Aspergillus terreus, Candida albicans, Candida glabrata, Candida guilliermondii, Candida krusei, Candida parapsilosis und Candida tropicalis* wirksam.
- Begrenzte Wirksamkeit gegen *Fusarium- und Scedosporium-Arten.*
- Caspofungin wurde von der FDA im Januar 2001 für die *systemische* Anwendung zugelassen.
- Wirkmechanismus: Wirkt durch Hemmung des β(1,3)-D-Glucans in der Pilzzellwand.

Dosis

- 50 µg -250 µg/0,1 ml

Handelsname

- Cancidas® 50 mg Pulver für ein Konzentrat zur Herstellung einer Infusionslösung (MSD Sharp & Dohme GmbH); verschiedene Generika (D, A, CH). Diese Arzneimittel sind nicht primär für die intraokulare Injektion bestimmt!

Zugelassen für intravitreale Anwendung?

- Nein. Anwendung intravitreal *„off label"*.

Nebenwirkungen und Komplikationen: (siehe ▶ Tab. 2.1, Seite 114)

- Diese hängen mit der Technik der intravitrealen Anwendung sowie mit den pharmakologischen Eigenschaften des Arzneimittels zusammen (siehe ▶ Tab. 2.1., Seite 114).
- In Studien an Kaninchen scheint intravitreales Caspofungin im Vergleich zu Amphotericin B und Voriconazol eine geringere Retinatoxizität aufzuweisen.
- Bei Mäusen wurden bis zum 10-fachen der MIC90 keine signifikanten Auswirkungen auf das ERG und die Retinahistologie beobachtet.
- Bei Kaninchen zeigten Konzentrationen von bis zu 200 µg/ml keinen statistischen Unterschied in den ERG-Reaktionen im Vergleich zu den Kontrollaugen.

Chemische Bezeichnung

1-[(*4R*,*5S*)-5-[(2-Aminoethyl)amino]-N2-(10,12-dimethyl-1-oxotetradecyl)-4-hydroxy-L-ornithin]-5-[(*3R*)-3-hydroxy-L-ornithin]pneumocandin B_0

Summenformel

$C_{52}H_{88}N_{10}O_{15}$

Molare Masse

1093,31 g mol^{-1}

Cefazolin

- Cephalosporin-Antibiotikum der ersten Generation.

Indikationen

- Bakterielle Endophthalmitis *(„off label")*.

- Cefazolin ist ein halbsynthetisches Antibiotikum aus der Klasse der Cephalosporine der ersten Generation.
- Wirksam gegen grampositive und einige gramnegative Bakterien
- Der Wirkmechanismus von Cefazolin beruht auf der Beeinträchtigung der bakteriellen Zellwandsynthese: Es bindet an Penicillin-bindende Proteine (PBP) und stört so die Bildung von Peptidoglycan, einem wesentlichen Bestandteil der bakte-

riellen Zellwand. Diese Wirkung führt zur Zelllyse, wodurch Cefazolin als *bakterizid* eingestuft wird.

- Antibakterielles Spektrum: viele grampositive und gramnegative Bakterien; gute Staphylokokken-Aktivität (auch bei Beta-Lactamase produzierenden Stämmen); hochwirksam gegen *Streptokokken*, *E. coli*, *Klebsiella pneumoniae*, Gonokokken, *Meningokokken*, auch wirksam gegen Anaerobier (außer *Bacteroides fragilis*).

Dosis

- 2,25 mg/0,1 ml

Zugelassen für intravitreale Anwendung?

- Nein. Applikation intravitreal *„off label"*.

Nebenwirkungen und Komplikationen: (siehe ▶ Tab. 2.1, Seite 114)

- Diese hängen mit der Technik der intravitrealen Anwendung sowie mit den pharmakologischen Eigenschaften des Arzneimittels zusammen (siehe ▶ Tab. 2.1., Seite 114).
- Intravitreales Cefazolin in einer Dosis von 2,25 mg hat sich in Tierversuchen als nicht toxisch erwiesen; es gab keine Hinweise auf eine Toxizität für die Retina oder auf unerwünschte Nebenwirkungen.

Chemische Bezeichnung

(*6R*,*7R*)-3-[(5-Methyl-1,3,4-thiadiazol-2-yl)-thiomethyl]-8-oxo-7-[2-(1H-tetrazol-1-yl)-acetamido]-5-thia-1-azabicyclo[4.2.0]oct-2-en-2-carbonsäure

Summenformel

$C_{14}H_{14}N_8O_4S_3$

Molare Masse

454,51 g mol^{-1}

Ceftazidim

- Cephalosporin-Antibiotikum der dritten Generation.

Indikationen

- Bakterielle Endophthalmitis *(„off label")*.

- Ceftazidim ist eines der wenigen Cephalosporine mit Aktivität gegen *Pseudomonas aeruginosa*.
- Es hat ein breites Spektrum an In-vitro-Aktivität gegen grampositive aerobe Bakterien, vor allem aber gegen gramnegative Bakterien, insbesondere gegen *Enterobacteriaceae*, einschließlich Beta-Lactamase-positiver Stämme.

- Allgemeine Anwendung von Ceftazidim zur Behandlung von Endophthalmitis, insbesondere in Kombination mit Vancomycin.
- Vancomycin ist das Mittel der Wahl für grampositive Bakterien, während gramnegative Bakterien mit Ceftazidim oder Amikacin abgedeckt werden.
- Es wurde eine synergistische Wirkung von Kombinationen aus Vancomycin und intravitrealem Ceftazidim und Amikacin bei der Behandlung von bakterieller Endophthalmitis beschrieben.
- Intravitreales Ceftazidim gilt allgemein als sicherer als Aminoglykoside.
- So hat die Antibiotika-Kombination aus Vancomycin und Ceftazidim die Kombination aus Vancomycin und Amikacin verdrängt.

Dosis

- 2 mg/0,1 ml

Zugelassen für intravitreale Therapie?

- Nein. Applikation intravitreal *„off label“*.

Nebenwirkungen und Komplikationen: (siehe ▶ Tab. 2.1, Seite 114)

- Diese hängen mit der Technik der intravitrealen Anwendung sowie mit den pharmakologischen Eigenschaften des Arzneimittels zusammen (siehe ▶ Tab. 2.1., Seite 114).
- Intravitreales Ceftazidim in einer Dosis von 2,25 mg hat sich in Studien mit Primaten und Kaninchen als nicht toxisch erwiesen, wobei es keine Hinweise auf Retinatoxizität oder unerwünschte Nebenwirkungen gab.
- Bei Augen, die mit Silikonöl gefüllt sind, wurde ein gewisses Maß an Retinatoxizität festgestellt.

Chemischer Name

(6R,7R,Z)-7-(2-(2-Aminothiazol-4-yl)-2-(2-carboxypropan-2-yloxyimino)acetamido)-8-oxo-3-(pyridinium-1-ylmethyl)-5-thia-1-aza-bicyclo[4.2.0]oct-2-en-2-carboxylat.

Summenformel

$C_{22}H_{22}N_6O_7S_2$

Molare Masse

546,58 g mol^{-1}

Cidofovir

- Antiviral wirksam gegen Cytomegalievirus (CMV).

Indikationen

- CMV-Retinitis bei HIV-Patienten *(„off label“)*.

- Azyklisches Nukleotid-Analogon von Desoxycytidinmonophosphat
- Hemmt die virale DNA-Polymerase zahlreicher DNA-Viren. Cidofovir wurde unter dem Handelsnamen Vistide (hergestellt von Gilead Sciences) für die intravenöse Behandlung der Cytomegalievirus-Retinitis bei AIDS-Patienten zugelassen.
- Cidofovir unterdrückt die CMV-Replikation durch selektive Hemmung der viralen DNA-Synthese.
- Biochemische Daten weisen auf eine selektive Hemmung von HSV-1-, HSV-2- und CMV-DNA-Polymerasen durch Cidofovir-Diphosphat, den aktiven intrazellulären Metaboliten von Cidofovir, hin.
- Es kann eine lang anhaltende antivirale Wirkung entfalten und dazu führen, dass das Fortschreiten der CMV-Retinitis über einen längeren Zeitraum aufgehalten wird.
- Intravitreales Cidofovir wird im Allgemeinen als Zweitlinienbehandlung betrachtet.
- Für andere Viruserkrankungen wurde keine therapeutische Wirksamkeit nachgewiesen.

Dosis

- Im Allgemeinen beträgt die Dosis 10–20 µg pro intravitrealer Injektion, die alle 5–6 Wochen verabreicht wird.
- *Dosis von 10 µg:* Mit dieser niedrigeren Dosis wurde versucht, die Nebenwirkungen zu verringern und gleichzeitig die Wirksamkeit aufrechtzuerhalten. Die mediane Zeit bis zum Fortschreiten der Retinitis betrug 45 Tage nach einer einzigen Injektion von 10 µg, verglichen mit 55 Tagen bei der 20-µg-Dosis. Die 10-µg-Dosis hatte weniger Nebenwirkungen, und es traten nur 2,2 % der Fälle von Iritis auf. Sie war jedoch nicht so wirksam wie die 20-µg-Dosis, mit einer 26 %igen Inzidenz von primärem Behandlungsversagen.
- *Dosis von 15 µg:* In einigen Studien wurde eine Dosis von 15 µg verwendet, die in Abständen von 6 Wochen intravitreal verabreicht wurde, kombiniert mit oralem Ganciclovir.
- *Dosis* von 20 *µg:* Diese Dosis hat sich bei der Langzeitbehandlung der CMV-Retinitis als wirksam erwiesen. Sie war jedoch mit einer höheren Inzidenz von Nebenwirkungen verbunden, insbesondere Iritis (23 % der Fälle).

Zugelassen für intravitreale Therapie?

- Nein. Anwendung intravitreal *„off label“*.
- Für die *intravenöse* Behandlung wurde Cidofovir erstmals am 26. Juni 1996 von der FDA, am 23. April 1997 von der EMA und am 30. April 1998 von der TGA (Australien) zugelassen.

Nebenwirkungen und Komplikationen: (siehe ▶ Tab. 2.1, Seite 114)

- Diese hängen mit der Technik der intravitrealen Anwendung sowie mit den pharmakologischen Eigenschaften des Arzneimittels zusammen (siehe ▶ Tab. 2.1., Seite 114).
- Vor allem Uveitis und anteriore Uveitis (leichte nicht-granulomatöse Iritis) wurden beobachtet.
- Bei einem kleinen Prozentsatz der Augen (3,8 %) wurde eine irreversible und visuell signifikante okuläre Hypotonie beobachtet.

Chemische Bezeichnung

(S)-[1-(4-(4-Amino-2-oxo-pyrimidin-1-yl)-3-hydroxy-propan-2-yl]oxy-methylphosphonsäure

Summenformel

$C_8H_{14}N_3O_6P$

Molare Masse

279,19 g mol^{-1}

Clindamycin

- Antibiotikum zur Behandlung einer Reihe von bakteriellen Infektionen, einschließlich solcher, die durch anaerobe Bakterien verursacht werden, und einiger Protozoenerkrankungen, insbesondere der durch *Toxoplasma gondii* verursachten Retinochoroiditis toxoplasmotica.

Indikationen

- Therapie der Retinochoroiditis toxoplasmotica *(„off label")*.

- Clindamycin ist ein chloriertes Antibiotikaderivat von Lincomycin.
- Es wird durch halbsynthetische Herstellung gewonnen.
- Als Makrolid-Antibiotikum hemmt es die bakterielle Proteinbiosynthese durch Bindung an die 50S-Untereinheit des bakteriellen Ribosoms.
- Das Ergebnis ist eine hauptsächlich bakteriostatische Wirkung.
- Bei hohen Dosen ist auch eine bakterizide Wirkung möglich.
- Es hat eine bakteriostatische Wirkung gegen grampositive aerobe Keime: Streptokokken oder Staphylokokken.
- Es ist auch gegen Anaerobier, insbesondere gramnegative Bakterien, wirksam.
- Wirksam gegen bestimmte Parasiten wie *Toxoplasma gondii, Plasmodium, Babesia.*
- Die intravitreale Anwendung von Clindamycin ist besonders interessant für Patienten, die systemische Therapien nicht vertragen oder bei denen solche Behandlungen unwirksam sind.

Dosis

- 1 mg/0,1 ml.
- Die Behandlung der toxoplasmatischen Retinochoroiditis erfordert häufig zwei intravitreale Injektionen im Abstand von einer Woche, und bei vielen Patienten tritt die Krankheit in den Nachbeobachtungszeiträumen von bis zu zwei Jahren nicht wieder auf.

Nebenwirkungen und Komplikationen: (siehe ▶ Tab. 2.1, Seite 114)

- Diese hängen mit der Technik der intravitrealen Anwendung sowie mit den pharmakologischen Eigenschaften des Arzneimittels zusammen (siehe ▶ Tab. 2.1., Seite 114).
- Es gibt Berichte über *kristalline Retinopathie* nach intravitrealer Behandlung mit Clindamycin.

Chemische Bezeichnung

Methyl-6-amino-7-chlor-6,7,8-tridesoxy-N [(2S,4R)-1-methyl-4-propylprolyl]-1-thio-β-L-threo-D-galacto-galacto-topyranosid

Summenformel

$C_{18}H_{33}ClN_2O_5S$

Molare Masse

424,98 g mol^{-1}

Conbercept

- VEGF-Hemmer.

Indikationen

- MNV bei nAMD.
- Diabetisches Makulaödem (DMÖ).
- Choroidale Neovaskularisation als Folge pathologischer Myopie (pmCNV).
- Makulaödem nach retinalem Venenverschluss (VAV oder ZVV) *(„off label“)*.

- Rekombinantes Fusionsprotein, bestehend aus den Regionen VEGFR-1 (zweite Domäne) und VEGFR-2 (dritte und vierte Domäne), fusioniert mit dem Fc-Teil des menschlichen Immunglobulins IgG1.
- Conbercept ist ein rekombinantes Fusionsprotein, das aus einer vollständigen Sequenz menschlicher cDNA aus Ovarialzellen des chinesischen Hamsters gewonnen wird.

- Er fungiert auch als Decoy-Rezeptor und bindet mit hoher Affinität an alle Isoformen von VEGF-A, VEGF-B, VEGF-C sowie PlGF-1 und PlGF-2.
- Conbercept verfügt über eine VEGF-R2-Kinase-Insertionsdomäne (KDR), die der Immunglobulinregion 4 (KDRd4) ähnelt, was die dreidimensionale Struktur und die Effizienz der Dimerbildung verbessert und damit die Bindungsfähigkeit von Conbercept an VEGF erhöht.
- Makulaödems nach retinalem Venenverschluss (VAV oder ZVV) eingesetzt.
- Nierenfunktionsstörungen sind ein Risikofaktor für die Wirksamkeit von intravitrealen Conbercept-Injektionen zur Behandlung des diabetischen Makulaödems (DMÖ).
- Conbercept wurde im Dezember 2013 von der staatlichen chinesischen Arzneimittelbehörde (CFDA) für die Behandlung der neovaskulären AMD zugelassen.
- Conbercept wurde von der Chengdu Kanghong Biotech Company in der Volksrepublik China entwickelt und wird unter dem Namen Lumitin® vertrieben.
- Im Jahr 2017 begann die nationale medizinische Grundversicherung Chinas, die Kosten für Conbercept zu übernehmen.
- Conbercept hat sich in China als die kostengünstigste Option für die Behandlung von nAMD erwiesen.

Dosis

- 0,5 mg/ml
- Die Patienten erhalten eine Ladedosis, bestehend aus drei intravitrealen Injektionen von 0,5 mg/ml über drei Monate, gefolgt von weniger häufigen Erhaltungsdosen (alle 8–12 Wochen).

Handelsname

- Lumitin® (Chengdu Kanghong, China).

Galenik

- Erhältlich als Injektion (Lösung) zur intravitrealen Anwendung, die 10 mg/ml Conbercept enthält.

Zugelassen für intravitreale Therapie?

- Ja:
  - Im Jahr 2013 erteilte die CFDA die Zulassung von Conbercept für die Behandlung der neovaskulären altersbedingten Makuladegeneration (nAMD).
  - Im Jahr 2017 wurde es von der CFDA für die Behandlung von pmMNV zugelassen.
  - Im Jahr 2019 wurde es von der CFDA für die Behandlung des diabetischen Makulaödems (DMÖ) zugelassen.
  - Ab Dezember 2020 befindet sich Conbercept in klinischen Studien der Phase III im Rahmen der FDA-Entwicklungsprogramme PANDA-1 und PANDA-2 für eine mögliche Zulassung in den USA.

Nebenwirkungen und Komplikationen: (siehe ▶ Tab. 2.1, Seite 114)

Diese hängen mit der Technik der intravitrealen Anwendung sowie mit den pharmakologischen Eigenschaften des Arzneimittels zusammen (siehe ▶ Tab. 2.1., Seite 114).

Chemische Bezeichnung

Rekombinantes humanes VEGF-Rezeptor-Fc-Fusionsprotein, bestehend aus dem zweiten Ig-ähnlichen Domänensegment von VEGFR-1 und den dritten und vierten Ig-ähnlichen Domänen von VEGFR-2, fusioniert mit dem Fc-Anteil eines humanen IgG1-Antikörpers

Summenformel

$C_{5276}H_{8268}N_{1410}O_{1566}S_{36}$

Molare Masse

142 kDa.

D

Dexamethason

- Synthetisches halogeniertes Glukokortikoid.

Indikationen

- Makulaödem nach VAV und ZVV.
- Nicht-infektiöse hintere Uveitis.
- Chronisches DMÖ.

- Dexamethason (9-Fluor-16α-methylprednisolon) ist ein künstlich hergestelltes Glukokortikoid, das eine starke entzündungshemmende Wirkung hat.
- Dexamethason ist etwa 7,5-mal wirksamer als Prednisolon und 30-mal wirksamer als Hydrocortison.
- Es gehört zu den lang wirkenden Glukokortikoiden und ist etwa 25- bis 30-mal stärker als die körpereigenen Produkte (Cortisol), ohne relevante mineralokortikoide Wirkung.
- Es unterscheidet sich von Betamethason nur durch die Position der Methylgruppe: *Dexamethason*: Die Methylgruppe befindet sich in Position 16α (alpha); *Betamethason*: Die Methylgruppe befindet sich in Position 16β (beta).
- Dieser leichte Unterschied in der räumlichen Ausrichtung der Methylgruppe führt zu einigen Unterschieden in ihren pharmakologischen Eigenschaften.
- FDA-Zulassung am 30. Oktober 1958 für die *systemische* Anwendung.

Dosis

- 700 µg pro Implantat von Ozurdex®.

Handelsname

- Ozurdex® (AbbVie, Illinois, USA)

Resorbierbar?

- Ja. Das Dexamethason in Ozurdex® ist in einem biologisch abbaubaren festen Polymer (Novadur®) formuliert, das aus einer Polymilchsäure-Glykolsäure (PLGA)-Matrix besteht. Die PLGA-Polymermatrix löst sich *in vivo* vollständig in ihre Bestandteile Milchsäure und Glykolsäure auf, die ihrerseits in Kohlendioxid und Wasser umgewandelt werden. Während sich das Polymer auflöst, erreicht Dexamethason sein Zielgewebe in der Retina für bis zu 6 Monate. Ozurdex® enthält 700 mg Dexamethason und ist so formuliert, dass es mit einem 22-Gauge-Injektionsapplikator durch die Pars plana verabreicht werden kann, ähnlich wie andere intravitreale Injektionen.

Zugelassen für intravitreale Therapie?

- Ja, Ozurdex® erhielt seine erste FDA-Zulassung am 17. Juni 2009 für die Behandlung von Makulaödemen nach ZVV und VAV.
- Ozurdex® erhielt am 27. Juli 2010 die erste EU-weite Zulassung für die Behandlung von CMÖ bei nicht-infektiöser Uveitis und Makulaödem aufgrund eines Netzhautvenenverschlusses.
- Am 24. September 2010 hat die FDA Ozurdex® in den USA für die Behandlung von nicht-infektiöser Uveitis zugelassen.
- Im Jahr 2014 wurde die Zulassung von Ozurdex® in der EU für das diabetische Makulaödem erweitert.
- Im September 2014 hat die FDA Ozurdex® auch für die Behandlung des diabetischen Makulaödems (DMÖ) zugelassen.

Hilfsstoffe

- Copoly(D,L-lactid-co-glycolid)

Nebenwirkungen und Komplikationen: (siehe ▶ Tab. 2.1, Seite 114)

- Diese hängen mit der Technik der intravitrealen Anwendung sowie mit den pharmakologischen Eigenschaften des Arzneimittels zusammen (siehe ▶ Tab. 2.1., Seite 114).
- Zu den häufigsten Augennebenwirkungen, die von mehr als 2 % der Patienten in den ersten 6 Monaten nach der Injektion von Ozurdex® gemeldet wurden, gehören u. a.: Anstieg des Augeninnendrucks um 25 %, Katarakte (5 %), hintere Glaskörperabhebung (2 %).
- Der Anstieg des Augeninnendrucks unter Ozurdex® erreichte etwa in Woche 8 seinen Höhepunkt. Während des anfänglichen Behandlungszeitraums waren bei 1 % der Patienten, die Ozurdex® erhielten, chirurgische Eingriffe zur Kontrolle des erhöhten Augeninnendrucks erforderlich.

Chemische Bezeichnung

9-Fluor-11β,17,21-trihydroxy-16α-methyl-pregna-1,4-dien-3,20-dion

Summenformel

$C_{22}H_{29}FO_5$

Molekulargewicht

392,464 g mol^{-1}

F

Faricimab

- Humanisierter bispezifischer monoklonaler IgG1-Antikörper, der gleichzeitig VEGF-A und Angiopoietin 2 hemmt.

Indikationen

- MNV bei nAMD.
- DMÖ.
- Makulaödem nach VAV und ZVV.
- pmMNV – „*off label*".
- Sekundäre makuläre Neovaskularisation (sMNV), in der Regel aufgrund einer zentralen serösen Retinopathie (CSR) oder postinflammatorisch – „*off label*".

- *Faricimab-svoa* ist der erste bispezifische Antikörper, der speziell für die intravitreale Anwendung entwickelt wurde. Er bindet und neutralisiert Angiopoietin-2 (Ang-2) und VEGF-A gleichzeitig mit hoher Wirksamkeit und Spezifität.
- Faricimab wird mithilfe der rekombinanten DNA-Technologie unter Verwendung von Zelllinien des chinesischen Zwerghamster-Ovars (CHO-Zellen) hergestellt.
- Faricimab wurde mithilfe der CrossMab-Technologie entwickelt, einer 2011 von Roche entwickelten Methode zur Herstellung bispezifischer Antikörper, die gleichzeitig an zwei verschiedene Antigene binden können.
- Die CrossMab-Technologie ermöglicht eine präzise Abstimmung der leichten und schweren Ketten verschiedener Antikörper. Dies ist von entscheidender Bedeutung, da eine Fehlanpassung zu nicht funktionierenden Antikörpern oder unerwünschten Nebenprodukten führen kann.
- Bei dieser Technologie werden zwei Hauptstrategien angewandt:
  - Knobs-into-Holes (KiH)-Technologie: Einführung eines „Knobs" an einer schweren Kette und eines entsprechenden „Lochs" an einer anderen, wodurch spezifische Interaktionen erleichtert werden, die eine korrekte Heterodimerbildung fördern.
  - Fab-Domain-Swapping: Hierbei werden die CH1- und CL-Domänen zwischen zwei Antikörpern ausgetauscht, wodurch sichergestellt wird, dass jedes Fab-Fragment seine strukturelle Integrität beibehält und Fehlanpassungen in der leichten Kette vermieden werden.
- Die maximale Plasmakonzentration von Faricimab wird 2 Tage nach der intravitrealen Verabreichung erreicht.

Dosis

- 6,0 mg/0,05 ml.

Handelsname

Vabysmo® (Roche, CH).

1) nAMD

- 6 mg/0,05 ml:
  - *Anfangsphase:* 4 monatliche Injektionen.
  - *Erhaltungsphase:* Alle 8, 12 oder 16 Wochen, je nach Aktivität („Treat & Extend").
  - *Klinische Studien TENAYA und LUCERNE (Diese beiden Phase-III-Studien verglichen die Wirksamkeit und Sicherheit von Faricimab mit Aflibercept bei Patienten mit nAMD).*

2) DMÖ

- 6 mg/0,05 ml:
  - *Anfangsphase:* 4 monatliche Injektionen.
  - *Erhaltungsphase:* Alle 8, 12 oder 16 Wochen, je nach Aktivität („Treat & Extend").
  - *Klinische Studien YOSEMITE und RHINE (beide Phase-III-Studien untersuchten die Wirksamkeit und Sicherheit von Faricimab im Vergleich zu Aflibercept bei Erwachsenen mit Sehschärfeneinschränkungen aufgrund eines diabetischen Makulaödems).*

3) Makulaödem nach Retinavenenverschluss/-verschlüssen.

- 6 mg/0,05 ml:
  - *Anfangsphase:* 6 monatliche Injektionen,
  - *Erhaltungsphase:* Alle 4 Wochen oder individuell verlängert, je nach Aktivität.
  - *Klinische Studien BALATON (VAV) und COMINO (ZVV).*

Zugelassen für intravitreale Therapie?

- Ja, Faricimab wurde von der FDA erstmals am 28. Januar 2022 zugelassen für die intravitreale Therapie von:
- MNV bei nAMD.
- DMÖ.
- Makulaödem nach retinalem Venenverschluss (VAV oder ZVV).

Die EMA hat Faricimab am 4. Juli 2022 für die intravitreale Behandlung der neovaskulären altersbedingten Makuladegeneration (nAMD) sowie des diabetischen Makulaödems (DMÖ) zugelassen. Am 1. August 2024 wurde Faricimab für die Behandlung von VAV und ZVV zugelassen.

Biosimilars?

Nein.

Galenik

1) Die Durchstechflasche enthält 28,8 mg Faricimab in 0,24 ml Lösung. Dies ergibt eine verwendbare Menge zur Verabreichung einer Einzeldosis von 0,05 ml Lösung, die 6 mg Faricimab enthält.
2) Ab Dezember 2024 gibt es eine vorgefüllte Fertigspritze: 0,05 ml (entspricht 6 mg Faricimab).

Sonstige Bestandteile

Histidin, Essigsäure 30 % (zur pH-Wert-Einstellung) (E260), Methionin, Polysorbat 20 (E432), Natriumchlorid, Saccharose, Wasser für Injektionszwecke.

Nebenwirkungen und Komplikationen: (siehe ► Tab. 2.1, Seite 114)

Diese hängen mit der Technik der intravitrealen Anwendung sowie mit den pharmakologischen Eigenschaften des Arzneimittels zusammen (siehe ► Tab. 2.1., Seite 114).

Chemische Bezeichnung

Humanisierter bispezifischer IgG1-Antikörper (VEGF-A/Ang-2), rekombinant in CHO-Zellen hergestellt, Fc-modifiziert

Summenformel

$C_{6506}H_{9968}N_{1724}O_{1026}S_{45}$

Molare Masse

149 kDa.

Fluocinolonacetonid

- Halogeniertes Glukokortikoid.

Indikationen

- Sehstörungen im Zusammenhang mit einem chronischen diabetischen Makulaödem (DMÖ), das auf die verfügbaren Behandlungen nicht ausreichend anspricht.
- Vorbeugung von Rückfällen bei rezidivierender nicht-infektiöser Uveitis mit Befall des Augenhintergrunds.

- Fluoriertes synthetisches Kortikosteroid ohne Mineralokortikoid-Aktivität.
- Synthetisches Derivat von Hydrocortison.
- Fluocinolonacetonid (FA) wurde erstmals 1959 in der Forschungsabteilung von Laboratorios Syntex SA (Mexiko-Stadt) synthetisiert.
- 1961 in den USA zur medizinischen (*systemischen*) Anwendung zugelassen (FDA).
- Es ist stärker lipophil als Triamcinolonacetonid und Dexamethason.
- 10-mal höhere Affinität für den Kortikosteroidrezeptor als Dexamethason.
- Geringe Löslichkeit in wässriger Lösung, wodurch das Kortikosteroid über einen sehr viel längeren Zeitraum freigesetzt werden kann und hohe Konzentrationen im hinteren Augenabschnitt bei sehr geringer systemischer Absorption erreicht.

Dosis

- Iluvien®: 0,190 mg/Implantat: Gibt eine niedrige Dosis von FA (0,23 bis 0,45 µg/Tag) für bis zu 36 Monate ab.
- Yutiq®: 0,180 mg/Implantat: Setzt Vorhofflimmern in einer anfänglichen Dosierung von 0,25 µg/Tag für bis zu 36 Monate frei.
- Retisert®: 0,59 mg/Implantat: Retisert® setzt bis zu 2,5 Jahre lang AF mit einer anfänglichen Rate von 0,6 µg/Tag frei, die im Laufe des ersten Monats auf eine Dauerfreisetzung von 0,3–0,4 µg/Tag abnimmt.

Handelsname

- Iluvien® (Alimera Sciences Inc., ein Unternehmen der ANI Pharmaceuticals Inc., USA) – vermarktet in der EU und den USA.
- Yutiq® (Alimera Sciences Inc., ein Unternehmen der ANI Pharmaceuticals Inc., USA) – nur in den USA vermarktet.
- Retisert® (Bausch+Lomb/Valeant, NJ, USA) – wird nur in den USA vertrieben.

Resorbierbar?

- Nein. Iluvien®, Yutiq® und Retisert® sind nicht biologisch abbaubare intravitreale Implantate.

Zugelassen für intravitreale Therapie?

- Im Jahr 2005 wurde Retisert® von der FDA in den USA für die Therapie der chronischen, nicht-infektiösen Uveitis des hinteren Augenpols zugelassen. Nur in den USA vermarket. In Europa nicht erhältlich.
- Am 12. Juli 2012 erteilte die EMA die Zulassung für Iluvien® zur Behandlung von Sehstörungen im Zusammenhang mit dem chronischen diabetischen Makulaödem (DMÖ), die auf die verfügbaren Therapien nicht ausreichend ansprechen.
- Am 26. September 2014 erteilte die FDA die Zulassung für Iluvien® in der USA zur Behandlung des diabetischen Makulaödems (DMÖ) bei Patienten, die zuvor eine Kortikosteroidtherapie erhalten hatten, ohne dass es zu einem signifikanten Anstieg des Augeninnendrucks kam.
- 2018 wurde Yutiq® von der FDA für die Behandlung der chronischen, nicht-infektiösen Uveitis des hinteren Augenpols zugelassen. Nur in den USA erhältlich.
- 2019 wurde Iluvien® von der EMA zur Vorbeugung von Rückfällen bei nicht-infektiöser rezidivierender Uveitis im hinteren Augenabschnitt zugelassen.
- Im März 2025 wurde Iluvien® von der FDA auch für die Therapie von chronischer, nicht-infektiöser Uveitis zugelassen, die das hintere Segment des Auges betrifft.

Nebenwirkungen und Komplikationen: (siehe ▶ Tab. 2.1, Seite 114)

Diese hängen mit der intravitrealen Applikationstechnik sowie mit den pharmakologischen Eigenschaften des Arzneimittels zusammen (siehe ▶ Tab. 2.1., Seite 114). Zu den am häufigsten gemeldeten unerwünschten Wirkungen gehören:

- Entwicklung einer Katarakt, insbesondere der *Cataracta subcapsularis posterior*.
- Okuläre Hypertension.

Chemische Bezeichnung

6alpha,9-Difluor-11beta,21-dihydroxy-16alpha,17-[(1-Methylethyliden)bis(oxy)]-pregna-1,4-dien-3,20-dion

Summenformel

$C_{24}H_{30}F_2O_6$

Molare Masse

452,495 g mol^{-1}

Foscarnet

- Antivirale Medikament aus der Gruppe der Pyrophosphat-Analoga.

Indikationen

- Durch CMV verursachte Retinitis, insbesondere bei HIV-Patienten.
- Akute Retinanekrose (ARN).
- Progressive Nekrose der äußeren Retina (PORN).

- Foscarnet ist ein antivirales (virostatisches) Arzneimittel, das in erster Linie zur Behandlung von Herpesviren eingesetzt wird, wenn eine Resistenz gegen andere antivirale Mittel besteht. Das Wirkungsspektrum umfasst Cytomegalieviren, Herpes-simplex-Viren und Varizella-Zoster-Viren.
- Foscarnet ist ein Pyrophosphat-Analogon. Das Medikament blockiert die Pyrophosphat-Bindungsstelle der DNA-Polymerase und der reversen Transkriptase und ist daher ein selektiver Hemmer dieser viralen Enzyme.
- Intravitreales Foscarnet wird zur Behandlung der aktiven CMV-Retinitis eingesetzt, insbesondere bei Patienten mit Myelosuppression oder Nierentoxizität, bei Patienten, die eine intravenöse Therapie ablehnen oder gegen eine intravenöse Behandlung resistent sind.
- Es hat ein ungünstigeres pharmakologisches Profil als Ganciclovir.

Dosis

- 2,4 mg/0,1 ml.
- Bei mit Silikonöl gefüllten Augen können niedrigere Dosen verwendet werden, z. B. 1,2 mg/0,1 ml.
- Bei aktiver Retinitis wird eine Induktionstherapie mit sechs Injektionen über drei Wochen durchgeführt.
- Patienten mit anfänglich inaktiver Retinitis erhalten eine Erhaltungstherapie mit einer wöchentlichen Injektion.

Zugelassen für intravitreale Therapie?

Nein. Anwendung intravitreal „*off label*“

Nebenwirkungen und Komplikationen: (siehe ► Tab. 2.1, Seite 114)

Diese hängen mit der Technik der intravitrealen Anwendung sowie mit den pharmakologischen Eigenschaften des Arzneimittels zusammen (siehe ► Tab. 2.1., Seite 114).

- Intravitreales Foscarnet in der angegebenen Dosis von 2,4 mg/0,1 ml hat keine Netzhauttoxizität. Allerdings wurde die Bildung von Foscarnet-Kristallen im Glaskörper als seltene Komplikation beobachtet.

Chemische Bezeichnung

Phosphonoameisensäure.

Summenformel

CH_3O_5P

Molare Masse

126,01 g mol^{-1}

G

Ganciclovir

- Antiviral wirksam gegen Herpesviren.

Indikationen

- CMV-Retinitis.

- Ganciclovir ist ein Analogon der Nukleinbase Guanin.
- Intravitrealer Medikament der Wahl bei CMV-Retinitis.
- Die antivirale Wirkung von Ganciclovir beruht auf seiner Hemmung der Virusreplikation.
- Die hemmende Wirkung ist äußerst selektiv: Der Wirkstoff muss durch ein vom Virus kodiertes zelluläres Enzym, die Thymidinkinase (TK), in seine aktive Form umgewandelt werden. TK katalysiert die Phosphorylierung von Ganciclovir zu Monophosphat, das dann von der zellulären Guanylatkinase in Diphosphat und von einer Reihe von zellulären Enzymen in Triphosphat umgewandelt wird. Das Ganciclovir-Triphosphat wird in den DNA-Strang eingebaut und ersetzt die Adenosinbasen. Dadurch wird die DNA-Synthese verhindert.

Dosis

- *Induktionsphase:* 2 mg/0,04 ml zweimal wöchentlich über drei Wochen.
- *Erhaltungsphase:* 2 mg/0,04 ml pro Woche, bis die Infektion inaktiv ist.

- Es wurden auch höhere Dosen verwendet, z. B. eine Induktionsdosis von 6 mg/0,04 ml, gefolgt von niedrigeren Erhaltungsdosen.
- Intravitreale Ganciclovir-Konzentrationen werden bis zu 7 Tage lang über der ID50 für CMV (0,25–1,22 mg/L) gehalten.
- Bei einer niedrigen und mittleren Dosis (1 mg) von intravitrealem Ganciclovir betrug die mediane Zeit bis zur Progression 152 Tage.
- Hochdosierungsprotokolle können die Anzahl der Injektionen und die Dauer der Behandlung verringern.

Handelsname

- Es gibt verschiedene Handelsnamen, aus denen sich das intravitreale Medikament *(„off label")* zusammensetzen kann. Diese Arzneimittel sind nicht für die ophthalmologische Anwendung bestimmt.

Zugelassen für intravitreale Therapie?

- Derzeit nicht.
- Das Ganciclovir-Implantat Vitrasert® (Bausch+Lomb, Rochester, NY, USA) war das erste implantierbare Medikament, das 1996 von der FDA für die Therapie der Retinitis durch das Cytomegalievirus (CMV) bei Patienten mit AIDS zugelassen wurde. Das intravitreale Implantat mit verzögerter Freisetzung bestand aus einem aktiven Wirkstoff (4,5 mg Ganciclovir) und einem inaktiven Wirkstoff (0,25 % Magnesiumstearat). Es setzte Ganciclovir mit einer Rate von 1 µg/h über einen Zeitraum von 5–8 Monaten frei. In den USA wurde Vitrasert® eingestellt und im Jahr 2014 vom Markt genommen. Derzeit gibt es keine Vorräte für dieses Produkt.
- In Europa wurde es von der Dr. Gerhard Mann Chem.-pharm. Fabrik GmbH vermarktet, aber auf Antrag des Zulassungsinhabers vom Markt genommen.

Nebenwirkungen und Komplikationen: (siehe ► Tab. 2.1, Seite 114)

Diese hängen mit der Technik der intravitrealen Anwendung sowie mit den pharmakologischen Eigenschaften des Arzneimittels zusammen (siehe ► Tab. 2.1., Seite 114).

- In Tiermodellen sind Dosen von 200 µg nicht toxisch.
- Ab 300 µg führt es zu b-Wellen-Veränderungen im ERG.
- Nach Überdosierung oder wiederholter Injektion wurde über toxische *kristalline Retinopathie* und Photorezeptorschäden berichtet.

Chemische Bezeichnung

2-[(2-Amino-6-hydroxy-purin-9-yl)-methoxy]-propan-1,3-diol

Summenformel

$C_9H_{13}N_5O_4$

Molare Masse

255,2 g mol^{-1}

H

Hexafluorethan (C_2F_6)

- Expandierbares Gas für mittelfristige Netzhauttamponade in der vitreoretinalen Chirurgie.

Indikationen

- Rhegmatogene Amotio retinae mit Riesenriss.
- Amotio retinae ohne Proliferation.
- Amotio retinae im Falle einer proliferativen diabetischen Retinopathie (PDR).
- Proliferative Vitreoretinopathie (PVR).
- Traumatische Amotio retinae.
- Idiopathisches Makulaforamen.

- Hexafluorethan (C_2F_6) – auch bekannt als Perfluorethan – ist ein Fluoralkan und ein Fluorkohlenstoff.
- Die Wirkungsdauer beträgt ca. 15 Tage, mit einer Verweildauer von 4 bis 5 Wochen, je nach verwendeter Konzentration und Patientencharakteristik.
- Es ist ein farbloses, geruchloses Gas.
- Expansionsfaktor (mit 100 % C_2F_6): ×3,3.
- Maximale Ausdehnung (bei 100 % C_2F_6): 1–3 Tage nach intravitrealer Applikation.
- Leicht expansive Konzentration: 17–20 %.
- Isoexpansive Konzentration: 16 %.
- Dauer im Glaskörper: 4–5 Wochen.
- Grenzflächenspannung: 70 mN/m.
- Brechungsindex: 1,29.
- Viskosität: 6,25 kg m^{-3}.
- Es hat eine extrem lange atmosphärische Lebensdauer und verbleibt bis zu 10.000 Jahre in der Atmosphäre.

Dosierung

- 16 % (isoexpansive Konzentration)

Handelsname

- Arceole® C2F6 (Arcadophtha, FR)
- EasyGas® C2F6 (Fluoron, Ulm, De)
- GOT Multi C2F6 (Alchimia, IT)
- OcuGas® C2F6 (DORC International)
- Ophthafutur® C2F6 (Pharmpur GmbH, De)
- Pure-line™ C2F6 (Bausch+Lomb, USA)

Zugelassen für intravitreale Therapie?

- Ja.

Nebenwirkungen und Komplikationen: (siehe ▶ Tab. 2.1, Seite 114)

Diese hängen mit der Technik der intravitrealen Anwendung sowie mit den pharmakologischen Eigenschaften des Arzneimittels zusammen (siehe ▶ Tab. 2.1., Seite 114).

- Ein erhöhter Augeninnendruck ist eine der häufigsten Komplikationen mit einem geschätzten Risiko von 5 %.
- Kataraktbildung aufgrund eines längeren Kontakts des Gases mit der Linse.
- Wiederkehrende Netzhautablösung: Kann auftreten, wenn das Gas die Abdichtung des Netzhautrisses nicht ausreichend aufrechterhält.
- Migration von Gas in die Vorderkammner.
- Verschluss der zentralen Netzhautarterie, wenn ein zu großes Gasvolumen injiziert wird oder wenn die Ausdehnung größer ist als erwartet.
- Obwohl C_2F_6 in den empfohlenen Konzentrationen und Volumina als sicher gilt, kann es bei längerem Verbleib oder versehentlichem Eindringen in den subretinalen Raum zu einer Netzhautatrophie kommen.

Chemische Bezeichnung

1,1,1,1,2,2,2,2,2-Hexafluorethan

Summenformel

C_2F_6

Molare Masse

138,01 g mol^{-1}

I

Indocyaningrün (ICG)

- Vitaler Farbstoff.

Indikationen

- Färbung der inneren Grenzmembran (ILM) in der vitreoretinalen Chirurgie.

> - Fluoreszierender Tricarbocyanin-Farbstoff mit einem spektralen Absorptionspeak bei 790 nm.
> - ICG wurde während des Zweiten Weltkriegs als fotografischer Farbstoff entwickelt, eine Technik, die 1955 von Kodak für die Nahinfrarotfotografie (NIR) entwickelt wurde.
> - Im Jahr 1957 wurde es von der Mayo Clinic (USA) in der Humanmedizin eingesetzt. Sein erster Verwendungszweck war die Diagnose von Lebererkrankungen. 1959 wurde es von der FDA für die *systemische* klinische Anwendung zugelassen. ICG wird heute häufig für die Augenangiografie und die Beurteilung der Leberfunktion verwendet.

- Die FDA hat ICG für die intravenöse Verwendung in der Angiografie zugelassen, nicht aber für die intraokulare Verwendung.
- Die ICG-Färbung der inneren Begrenzungsmembran wurde im Jahr 2000 beschrieben (Kadonosono et al.). Ihre Experimente mit Kaninchen ergaben keine abnormen Netzhautbefunde oder Komplikationen nach ICG-Färbung.
- ICG hat keine pharmakologischen Wirkungen.
- ICG ist ein wasserlöslicher Farbstoff, der sich an Kollagen Typ IV und Laminin bindet.
- Glaskörperstrukturen lassen sich mit ICG nicht anfärben.
- Geringe Affinität zu ERM.
- Die ILM wird steifer, wenn sie mit dem ICG in Berührung kommt, und kann daher leichter entfernt werden.

Konzentration

- 0,025–0,05 %

Handelsname

- IC-GREEN® (Akorn Operating Company LLC). Nicht primär zur intravitrealen Anwendung!
- VERDYE® (Diagnostic Green LLC). Nicht primär zur intravitrealen Anwendung!

Zugelassen für vitreoretinale Chirurgie?

- Nein. Anwendung intravitreal („*off label*")

Nebenwirkungen und Komplikationen: (siehe ▶ Tab. 2.1, Seite 114)

Diese hängen mit der Technik der intravitrealen Anwendung sowie mit den pharmakologischen Eigenschaften des Arzneimittels zusammen (siehe ▶ Tab. 2.1., Seite 114).

- Ihre toxischen Wirkungen sind dosis- und zeitabhängig. Sie können Schäden an den Photorezeptoren, eine RPE-Atrophie sowie eine Schädigung des Sehnervs verursachen. Es wurde vorgeschlagen, dass die Ursache für ihre Toxizität durch einen photochemischen Mechanismus entsteht.
- Gesichtsfeldausfälle, insbesondere auf der nasalen Seite, Visusminderung sowie Schädigungen der retinalen Nervenfaserschicht sind ebenfalls beschrieben worden.
- Um das Risiko von Komplikationen zu minimieren, sollten die folgenden Aspekte berücksichtigt werden: Anwendung von Konzentrationen von nicht mehr als 0,05 mg/ml. ICG in flüssigkeitsgefüllten Glaskörper applizieren. Begrenzung der Expositionszeit. Entfernung von ICG aus dem Glaskörper durch Spülung. Iso-osmolare Lösungen verwenden. Längere Endoillumination des gefärbten Gewebes vermeiden.

Chemische Bezeichnung

Natrium-4-[(*2E*)-2-{(*2E,4E,6E*)-7-[1,1-dimethyl-3-(4-sulfonatobutyl)-1H-benzo[*e*]indolium-2-yl]-2,4,6-heptatrien-1-yliden}-1,1-dimethyl-1,2-dihydro-3H-benzo[*e*]indol-3-yl]-1-butansulfonat.

Summenformel

$C_{43}H_{47}N_2NaO_6S_2$

Molare Masse

774,99 g mol^{-1}

Infracyaningrün (IFCG)

- Vitaler Farbstoff.

Indikationen

- ILM-Färbung in der vitreoretinalen Chirurgie.

- Infracyaningrün (IFCG) ist der modifizierte Teil von ICG, der keine 5 % Natriumiodid enthält.
- Die Abwesenheit von Jod in seiner Formulierung würde die Netzhauttoxizität während der Anwendung verringern. Daher wurde IFCG als sichererer vitaler Makulafarbstoff als ICG empfohlen.
- Erzeugt eine gute Anfärbung der ILM.
- Es hat einen spektralen Absorptionspeak zwischen 600 nm und 700 nm.

Dosis

- 0,5 mg/ml

Handelsname

- Infracyanine® (SERB, Paris, FR).
- Monopeak Indocyanin Grün (Macsen Laboratories, Indien).

Zugelassen für intravitreale Anwendung?

- Nein. Anwendung intravitreal „*off label*".

Nebenwirkungen und Komplikationen: (siehe ▶ Tab. 2.1, Seite 114)

- Diese hängen mit der Technik der intravitrealen Anwendung sowie mit den pharmakologischen Eigenschaften des Arzneimittels zusammen (siehe ▶ Tab. 2.1., Seite 114).
- Bei einer Konzentration von über 0,05 % kann IFCG akute und chronische Toxizitäten hervorrufen. Einer Studie mit Zellkulturen zufolge ist die durch IFCG verursachte Phototoxizität der Retina jedoch geringer als die von ICG (aufgrund des Fehlens von Jod in der Formulierung).

- IFCG wird in der Regel in einer 5 %igen Glukoselösung zubereitet, die im Vergleich zu salzhaltigen Präparaten als sicherer für die Retina gilt.

Summenformel

$C_{43}H_{47}N_{2}NaO_{6}S_{2}$

Molare Masse

774,96 g mol^{-1}

L

Linezolid

- Synthetisches Antibiotikum aus der Klasse der Oxazolidinone zur Therapie von Infektionen, die durch grampositive aerobe Bakterien verursacht werden.

Indikationen

- Bakterielle Endophthalmitis *(„off label")*

- Fluororganische Verbindung, bestehend aus 1,3-Oxazolidin-2-on mit einer N-3-Fluor-4-(morpholin-4-yl)phenylgruppe und einer Acetamidomethylgruppe in der 5-Position.
- Das Pharmaunternehmen Upjohn hat den Wirkstoff Linezolid entwickelt.
- Im April 2000 gab die FDA Linezolid für die *systemische* Anwendung in den USA frei.
- Linezolid bindet an eine Bindungsstelle auf dem bakteriellen Ribosom (23S der 50S-Untereinheit) und verhindert so die Bildung eines funktionsfähigen 70S-Initiationskomplexes, der ein wesentlicher Bestandteil des Translationsprozesses ist.
- Besonders wirksam bei der Behandlung von Infektionen, die durch grampositive Bakterien verursacht werden: *Staphylococcus aureus*, *Streptococcus pneumoniae*, *Streptococcus pyogenes*, *Streptococcus agalactiae* und vancomycinresistente Infektionen (z. B. *Enterococcus faecium*).
- Linezolid ist nicht für die Behandlung von gramnegativen bakteriellen Infektionen angezeigt.
- Linezolid wurde als „Reserveantibiotikum" bezeichnet.
- Linezolid ist das Reserveantibiotikum der ersten Wahl bei vancomycinresistenten Infektionen. Linezolid hat eine *bakteriostatische* Wirkung durch Hemmung der Proteinsynthese, obwohl es eine *bakterizide* Wirkung gegen *Streptococcus pneumoniae* haben kann.
- Es steht auf der Liste der unentbehrlichen Arzneimittel der Weltgesundheitsorganisation (WHO).
- Tierexperimentelle Arbeiten haben gezeigt, dass intravitreal appliziertes Linezolid minimale Auswirkungen auf das ERG und nur wenige histopathologische Veränderungen in der Retina hat.

Dosis

- 200 µg/0,1 ml

Zugelassen für intravitreale Therapie?

- Nein. Anwendung intravitreal *„off label"*.

Nebenwirkungen und Komplikationen: (siehe ▶ Tab. 2.1, Seite 114)

- Diese hängen mit der Technik der intravitrealen Anwendung sowie mit den pharmakologischen Eigenschaften des Arzneimittels zusammen (siehe ▶ Tab. 2.1., Seite 114).
- Eine Studie zur Untersuchung der Augentoxizität ergab, dass Linezolid bei einer Dosis von 2 mg/ml nicht toxisch ist.
- Die histopathologische Untersuchung nach intravitrealer Injektion (2 mg/ml bei Albino-Kaninchen) von Linezolid ergab keine Anzeichen einer Netzhauttoxizität.

Chemische Bezeichnung

(S)-N-({3-[3-[3-Fluor-4-(4-morpholinyl)phenyl]-2-oxo-5-oxazolidinyl}methyl)acetamid

Summenformel

$C_{16}H_{20}FN_3O_4$

Molare Masse

337,35 g mol^{-1}

Luft

- Gastamponade in der vitreoretinalen Chirurgie.

Indikationen

- Es wird bei der pneumatischen Retinopexie am Ende einer Vitrektomie und als Notfalloption verwendet, wenn andere Glaskörperersatzstoffe nicht verfügbar sind (■ Tab. 1.2).

- Erste Substanz, die in den Glaskörper injiziert wurde: Erstmals 1911 von Ohm zur Heilung von Netzhautablösungen eingesetzt.
- Die Idee der Tamponade eines Netzhautdefekts durch Luftinjektion wurde 1938 von Rosengren systematisch erweitert: Er formulierte drei Merkmale der Luftinjektion in den Glaskörper: 1. Verbesserte Drainage der subretinalen Flüssigkeit. 2. Druck der Ränder der abgelösten Retina gegen die Aderhaut aufgrund des Auftriebs der Luftblase. 3. Verschluss des Netzhautrisses, wodurch der Flüssigkeitsfluss in den subretinalen Raum verhindert wird.
- Luft ist kostengünstig.

- Sie muss nicht entfernt werden, da sie vom Auge absorbiert und durch Kammerwasser ersetzt wird.
- Keine bekannte Toxizität für intraokulares Gewebe.
- Luft ist nicht dehnbar.
- Die intravitreale Verweildauer ist kurz und beträgt nur wenige Tage (5–7), was auf die Diffusion durch die Netzhaut zurückzuführen ist, die die Bildung einer festen chorioretinalen Adhäsion verhindert.
- Ihr Brechungsindex (1,0008) ist mit optisch wichtigen Geweben inkompatibel, sodass Luft nur begrenzt als Ersatz für den Glaskörper verwendet werden kann.
- Die Dichte von Luft (auf Meereshöhe) beträgt etwa 1,25 kg/m^3.
- Löslichkeit in Wasser: 0,0292 v/v bei 0° C.

Nebenwirkungen und Komplikationen: (siehe ▶ Tab. 2.1, Seite 114)

Diese hängen mit der Technik der intravitrealen Anwendung sowie mit den pharmakologischen Eigenschaften des Arzneimittels zusammen (siehe ▶ Tab. 2.1., Seite 114).

Molare Masse

28,9647 g mol^{-1}

Tab. 1.2 Zusammensetzung der Luft – Die Werte beziehen sich auf trockene Luft auf Meereshöhe

Bestandteil	Molmasse (g/mol)	Volumen-%	Massen-%
Stickstoff (N_2)	28,02	78,09	75,73
Sauerstoff (O_2)	32,00	20,95	23,14
Argon (Ar)	39,94	0,93	1,28
Neon (Ne)	20,18	$18,21 \times 10^{-4}$	$10,5 \times 10^{-4}$
Helium (He)	4,003	$5,24 \times 10^{-4}$	$0,724 \times 10^{-4}$
Krypton (Kr)	83,3	$1,14 \times 10^{-4}$	$3,3 \times 10^{-4}$
Xenon (Xe)	131,3	$0,087 \times 10^{-4}$	$0,39 \times 10^{-4}$

Aus: Roedel W, Wagner T. Physik unserer Umwelt: Die Atmosphäre. 6. Aufl. Berlin, Heidelberg: Springer Spektrum; 2024, Kap. 1: Strahlung und Energie im System Atmosphäre/Erdoberfläche.

Lutein

- Vitaler Farbstoff.

Indikationen

- Verbesserung der Visualisierung des Glaskörpers bei vitreoretinalen Eingriffen.
- Verbesserte Visualisierung der epiretinalen Membran (ERM) und der Membrana limitans interna (ILM).

- Lutein, ein lipophiles Pigment, ist ein Xanthophyll und eines der 600 bekannten natürlichen Carotinoide.
- Lutein ist auch ein analoger gelb-oranger Farbstoff, der das Augengewebe umhüllt, im Gegensatz zu dem echten Farbstoff, der es durchdringt.
- Lutein hebt den Glaskörper hervor, beschichtet aber nur geringfügig die ILM und ERM.
- Farbe: Gelblich-orange.
- Die intravitreale Verwendung von Lutein – einem natürlichen Antioxidans – hätte den Vorteil, dass es einen intraoperativen Schutzschild bilden würde, der die Photorezeptoren vor möglichen phototoxischen Schäden durch die chirurgische Beleuchtung schützt.
- Der Farbstoff Lutein hat sich in präklinischen Studien und Studien am Menschen als sicher erwiesen und ist für die vitreoretinale Anwendung im Handel erhältlich.

Konzentration

- 1,8–2 %

Handelsname

- BLutein™ DY300 Vitreo Lutein (Bausch+Lomb, USA): 2 % kristallines Lutein.
- BLutein™ DY400 Single Lutein Blue (Bausch+Lomb, USA): 1 % lösliches Lutein; 0,05 % PBB ®
- BLutein™ DYE500 Double Lutein Blue (Bausch+Lomb, USA): 2 % lösliches Lutein; 0,05 % PBB ®; 0,15 % Trypanblau.
- BLutein™ DYE200 Phacolutein (Bausch+Lomb, USA): 1 % Lutein; 0,04 % Trypanblau. Zur Visualisierung der vorderen Linsenkapsel bei Kataraktoperationen.

In den USA:

- Retidyne™, (Keim Pharma, USA): Lösliches Lutein (2 %); Brillantblau (0,05 %).
- Retidyne Plus™, (Keim Pharma, USA): Kristallines Lutein (1,8 %); Brillantblau (0,05 %).
- Doubledyne™, (Keim Pharma, USA): Lösliches Lutein (2 %); Brillantblau (0,05 %); Trypanblau (0,15 %).
- Tripledyne™, (Keim Pharma, USA): Kristallines Lutein (1,8 %); Brillantblau (0,05 %); Trypanblau (0,15 %).
- Vitreodyne™, (Keim Pharma, USA): Kristallines Lutein (2 %).

Zugelassen für intravitreale Anwendung?

- Derzeit gibt es weder eine FDA- noch eine EMA-Zulassung für die spezifische Anwendung von Lutein an der Retina, im Glaskörper oder bei anderen chirurgischen vitreoretinalen Eingriffen.

Nebenwirkungen und Komplikationen: siehe ▶ Tab. 2.1, Seite 114)

Diese hängen mit der Technik der intravitrealen Anwendung sowie mit den pharmakologischen Eigenschaften des Arzneimittels zusammen (siehe ▶ Tab. 2.1., Seite 114).

- Bei klinischer Anwendung oder im Labor wurden keine unerwünschten Wirkungen oder signifikante Netzhauttoxizität beobachtet. Histologische Analysen zeigen keine strukturellen Veränderungen der neurosensorischen Retina, des retinalen Pigmentepithels oder der Aderhaut.

Chemische Bezeichnung

(*1R*,*4R*)-4-{(*1E*,*3E*,*5E*,*7E*,*9E*,*11E*,*13E*,*15E*,*17E*)-18-[(*4R*)-4-Hydroxy-2,6,6-trimethylcyclohex-1-en-1-yl]-3,7,12,16-tetramethyloctadeca-1,3,5,7,9,11,13,15,17-nonaen-1-yl}-3,5,5-trimethylcyclohex-2-en-1-ol

Summenformel

$C_{40}H_{56}O_2$

Molare Masse

568,871 g mol^{-1}

M

Melphalan

- Zytostatikum.

Indikationen

- Therapie von persistierenden oder rezidivierenden Glaskörpertumorzellen bei Retinoblastom.

- Zytostatikum aus der Gruppe der Alkylierungsmittel.
- Es wurde erstmals in den frühen 1950er-Jahren synthetisiert, indem die Methylgruppe von Stickstoffsenf durch L-Phenylalanin ersetzt wurde.
- *Systemisch* zur Behandlung von Multiplem Myelom, Ovarialkarzinom, Neuroblastom im Kindesalter und Weichteilsarkom verwendet.
- Es wird auch zur Therapie von Aderhautmelanomen mit inoperablen Lebermetastasen eingesetzt (Hepzato®, *arteriell verabreicht*).
- Bifunktionelles Alkylierungsmittel, das durch die Bildung von Carbonium-Zwischenprodukten aus beiden Bis-2-Chlorethyl-Gruppen eine Alkylierung des

Stickstoffs an Position 7 des in der DNA enthaltenen Guanins bewirkt. Dies führt zu einer Vernetzung der beiden DNA-Stränge und verhindert die Zellreplikation.

- Die intravitreale Chemotherapie (IVitC) mit Melphalan zur Behandlung des Retinoblastoms wurde erstmals 2003 von Kaneko und Suzuki vorgestellt und 2012 von Munier et al. popularisiert.
- Jüngste In-vivo-Versuche zeigen, dass der Histon-Deacetylase (HDAC)-Inhibitor Belinostat bei der Vernichtung von Retinoblastom-Tumorzellen im Glaskörper ebenso wirksam ist wie Melphalan, jedoch ohne dessen Toxizität für die Retina.

Handelsname

Alkeran® 50 mg i.v., Trockensubstanz und Lösungsmittel, Melphalan-ratiopharm® 50 mg Pulver und Lösungsmittel, Melphalan SUN 50 mg Pulver und Lösungsmittel, Melphalan Tillomed 50 mg Pulver und Lösungsmittel, Evomela®, Hepzato®. Diese Arzneimittel sind nicht primär für die intraokulare Injektion bestimmt!

Dosierung

- 20 µg/0,10 ml für Patienten im Alter von 0–12 Monaten.
- 25 µg/0,125 ml für Patienten im Alter von 1–3 Jahren.
- 30 µg/0,15 ml für Patienten im Alter von 3 Jahren oder älter.
- Die intravitrealen Injektionen von Melphalan werden alle 7–10 Tage verabreicht, bis die Glaskörperläsionen vollständig verschwunden sind. Die durchschnittliche Anzahl der intravitrealen Injektionen, die erforderlich sind, um eine Rückbildung des Glaskörpertumors zu erreichen, beträgt 5.

Zugelassen für intravitreale Therapie?

- Nein. Anwendung intravitreal „*off label*".

Nebenwirkungen und Komplikationen: (siehe ▶ Tab. 2.1, Seite 114)

- Diese hängen mit der Technik der intravitrealen Anwendung sowie mit den pharmakologischen Eigenschaften des Arzneimittels zusammen (siehe ▶ Tab. 2.1., Seite 114).
- Die wichtigste mit Melphalan assoziierte Toxizität ist die lokalisierte *Salz-und-Pfeffer-Retinopathie* (18 % bis 43 %).

Chemische Bezeichnung

(2S)-2-Amino-3-{4-[bis(2-chlorethyl)amino]phenyl}propansäure

Summenformel

$C_{13}H_{18}Cl_2N_2O_2$

Molare Masse

305,2 g mol^{-1}

Methotrexat

- Zytostatikum und Immunsuppressivum.

Indikationen

- Aufgrund seiner entzündungshemmenden Eigenschaften wurde es bei der Behandlung der nicht-infektiösen hinteren Uveitis *(„off label")* eingesetzt, insbesondere bei chronischen Formen, die nicht gut auf systemische Kortikosteroide ansprechen *(„off label")*.
- Aufgrund seiner Antimetabolit-Aktivität wird es zur Behandlung von intraokularen Tumoren, insbesondere des primären vitreoretinalen Lymphoms (VRL), eingesetzt *(„off label")*.
- Aufgrund seiner antiproliferativen und antifibrotischen Eigenschaften wird es bei der Behandlung der rezidivierenden proliferativen Retinopathie (PVR) eingesetzt *(„off label")*.

- Methotrexat (MTX) ist ein Folatderivat, das mehrere für die Nukleotidsynthese verantwortliche Enzyme hemmt: Dihydrofolatreduktase, Thymidylatsynthase, Aminoimidazol-Carboxamid-Ribonukleotid-Transformylase (AICART) und Amido-Phosphoribosyltransferase.
- Die Hemmung der Nukleotidsynthese führt letztlich zur Unterdrückung der Entzündung und der Zellteilung.
- MTX ist zyklusspezifisch und hemmt Zellen hauptsächlich in der S-Phase.
- Aminopterin-Analogon, das ebenfalls von Folsäure abgeleitet ist.
- Folsäure-Antagonist.
- Bei *systemischer* Anwendung hat es eine lang anhaltende entzündungshemmende Wirkung (daher wird es einmal pro Woche verabreicht).
- Von der FDA am 7. Dezember 1953 für die *systemische* Anwendung zugelassen.

Dosis

- 400 µg/0,01 ml
- Für die Therapie des primären vitreoretinalen Lymphoms *(„off label")* werden in der Induktionsphase 400 µg/0,1 ml als intravitreale Injektion zweimal wöchentlich für die ersten 4 Wochen, danach einmal wöchentlich für 8 Wochen und einmal monatlich für die nächsten 9 Monate empfohlen. Die Keratopathie ist die häufigste unerwünschte Wirkung und kann durch eine Verringerung der Häufigkeit der intravitrealen Injektionen kontrolliert werden
- Zur Therapie der nicht-infektiösen hinteren Uveitis *(„off label")*, insbesondere bei chronischen Formen, werden intravitreale Injektionen von MTX in einer Dosis von 400 µg/0,1 ml verwendet. Auch für die Behandlung des zystoiden Makulaödems (CMÖ) uveitischen Ursprungs wurde intravitreales MTX (400 µg/0,1 ml) off label eingesetzt
- Für die Behandlung der proliferativen Retinopathie *(„off label")* wurde eine Konzentration von 100 oder 200 µg/0,05 ml MTX alle zwei Wochen für insgesamt fünf Injektionen verwendet

Zugelassen für intravitreale Therapie?

- Nein. Anwendung intravitreal *„off label"*.

Nebenwirkungen und Komplikationen: (siehe ▶ Tab. 2.1, Seite 114)

- Diese hängen mit der Technik der intravitrealen Anwendung sowie mit den pharmakologischen Eigenschaften des Arzneimittels zusammen (siehe ▶ Tab. 2.1., Seite 114).
- In Tierversuchen wurde bei Dosen von 400 µg/0,1 ml keine Netzhauttoxizität (ERG oder histologische Untersuchungen) beobachtet.

Chemische Bezeichnung

(2S)-2-[[4-[(2,4-Diaminopteridin-6-yl)metyl-Methylamino]benzoyl]amino]pentandisäure (IUPAC) N-(4-<(2,4-Diamino-6-pteridinylmethyl)methylamino>benzoyl)-L-glutaminsäure

Summenformel

$C_{20}H_{22}N_8O_5$

Molare Masse

454,44 g mol^{-1}

Moxifloxacin

- Fluorchinolon der vierten Generation. Antibiotikum mit breitem Wirkungsspektrum gegen grampositive und gramnegative Bakterien.

Indikationen

- Bakterielle Endophthalmitis *(„off label")*.

- Es gehört zur Gruppe der 8-Methoxyfluorchinolone.
- Wirksam gegen grampositive und gramnegative Bakterien.
- Es wurde erfolgreich bei der Therapie von *Ochrobactrum-intermedium-Endophthalmitis* eingesetzt, insbesondere in Fällen, die mit metallischen intraokularen Fremdkörpern in Verbindung stehen.
- Bakterizid durch Hemmung der DNA-Gyrase (Topoisomerase II), eines Enzyms, das einer übermäßigen Aufwicklung der DNA während der Replikation oder Transkription entgegenwirkt, sowie der Topoisomerase IV, eines Enzyms, das zur Trennung der DNA-Tochtermoleküle beiträgt.
- Intravitreales Moxifloxacin wird als Ergänzung zu Vancomycin und Ceftazidim zur Behandlung der bakteriellen Endophthalmitis, insbesondere nach Kataraktoperationen, gut vertragen.
- Die FDA hat Risiken beschrieben, die mit der intraokularen Verabreichung von Moxifloxacin verbunden sind, das mehr als 0,3 ml 0,5 % Moxifloxacin enthält oder bestimmte potenziell schädliche inaktive Bestandteile wie Xanthangummi enthält.

Dosis

- 160 µg/0,1 ml

Zugelassen für intravitreale Therapie?

- Nein. Anwendung intravitreal *„off label"*.

Nebenwirkungen und Komplikationen: (siehe ▶ Tab. 2.1, Seite 114)

Diese hängen mit der Technik der intravitrealen Anwendung sowie mit den pharmakologischen Eigenschaften des Arzneimittels zusammen (siehe ▶ Tab. 2.1., Seite 114).

- Bei Dosen über 160 µg/ml verursacht es eine Abnahme der b-Welle im ERG.

Chemische Bezeichnung

1-Cyclopropyl-6-fluor-8-methoxy-7-[(4aS,7aS)-octahydro-6H-pyrrolo[3,4 b]pyridin-6-yl]-4-oxo-1,4-dihydrochinolin-3-carbonsäure

Summenformel

$C_{21}H_{24}FN_3O_4$

Molare Masse

401,43 g mol^{-1}

O

Ocriplasmin

- Rekombinantes Protein mit proteolytischer Aktivität, das selektiv Fibronektin und Laminin bindende Proteine abbaut.

Indikationen

- Symptomatische vitreomakuläre Traktion (VMT) und vitreomakuläre Adhäsion (VMA), mit oder ohne Makulaforamen (MF) in voller Dicke.
- Sie ist am wirksamsten bei Patienten mit fokaler VMA (≤1500 µm) und kleinen Makulalöchern (≤400 µm).

- Ocriplasmin ist eine rekombinante, verkürzte Form von menschlichem Plasmin, die durch rekombinante DNA-Technologie in einem Expressionssystem mit der methylotrophen Hefe *Pichia pastoris* hergestellt wird.
- Ocriplasmin ist ein Protein, das aus 249 Aminosäuren besteht und zwei Peptidketten aufweist. Mittel zur pharmakologischen Vitreolyse.
- Ocriplasmin ist ein Proteasemedikament, das in der Augenheilkunde zur Behandlung der vitreomakulären Traktion (VMT) bei Erwachsenen eingesetzt wird, auch im Zusammenhang mit einem Makulaforamen ≤ 400 µm.

- Innerhalb von 30 Minuten nach der Injektion beträgt der Ocriplasminspiegel im Glaskörper 12 µg/ml. 24 Stunden nach der Injektion liegt der Glaskörperspiegel bei 0,5 µg/ml.
- Das Medikament wird unter dem Handelsnamen Jetrea® von dem belgischen biopharmazeutischen Unternehmen ThromboGenics NV hergestellt, das es in den USA vertreibt.
- Alcon, ein Geschäftsbereich von Novartis, erwarb die Rechte zur Vermarktung von Ocriplasmin außerhalb der USA.

Handelsname

- Jetrea® (Inceptua SA, Luxemburg)

Dosis

- 0,125 mg/0,1 ml intravitreale Injektion

Galenische Darstellung

0,375 mg/0,3 ml Lösung zur Injektion

Zugelassen für die intravitreale Therapie?

- Derzeit nicht.
- Ocriplasmin wurde am 17. Oktober 2012 in den USA und im August 2013 in Kanada für die Behandlung von Patienten mit symptomatischer vitreomakulärer Adhäsion (VMA) zugelassen.
- Darüber hinaus ist Ocriplasmin Jetrea® seit dem 17. Januar 2013 von der EMA für die intravitreale Behandlung der vitreomakulären Traktion bei Erwachsenen zugelassen, auch in Verbindung mit einem Makulaforamen mit einem Durchmesser von weniger als oder gleich 400 µm.

Zugelassen zu intravitreale Injektion?

- Ursprünglich wurde Jetrea® von ThromboGenics entwickelt; für die Vermarktung außerhalb der USA wurden die Rechte zunächst an Alcon (Novartis-Gruppe) lizenziert, die in Deutschland als Hersteller bzw. pharmazeutischer Unternehmer auftraten. Später gingen Vertriebsrechte wieder an ThromboGenics/Oxurion
- 2020 hat Oxurion die weltweiten Vermarktungsrechte an Jetrea® an die Inceptua Group lizenziert, wodurch Inceptua global – also auch für die USA – als Kommerzialisierungspartner fungierte.
- Aktuell wird Jetrea® in den USA nicht mehr regulär kommerziell vertrieben; die weltweite Kommerzialisierung wurde zum 31.12.2023 beendet, seither besteht nur noch eine regulatorische Zulassung ohne aktive Vermarktung in den USA.
- Weiterhin die europäische Zulassung von Jetrea® wurde zum 31.12.2023 auf Wunsch des Herstellers widerrufen, der Vertrieb ist seit 01.01.2024 eingestellt.

Hilfsstoffe

Mannitol, Zitronensäure, Natriumhydroxid (zur pH-Einstellung), Wasser für Injektionszwecke.

Nebenwirkungen und Komplikationen: (siehe ▶ Tab. 2.1, Seite 114)

Diese hängen mit der Technik der intravitrealen Anwendung sowie mit den pharmakologischen Eigenschaften des Arzneimittels zusammen (siehe ▶ Tab. 2.1., Seite 114).

- Plötzliche Abnahme der Sehschärfe, manchmal auf ein sehr niedriges Niveau (z. B. bei Handbewegungen oder Lichtwahrnehmung).
- Auftreten von Photopsie oder Dyschromatopsie, verschwommenes Sehen.
- OCT: Störung oder Verlust von Signalen in der äußeren Netzhaut, insbesondere im ellipsoiden Bereich, beobachtet bei 40–50 % der behandelten Augen.
- ERG-Veränderungen: weist auf eine panretinale Dysfunktion hin.
- Flüssigkeitsansammlung im subretinalen Raum.
- Gesichtsfeldstörungen, Nyktalopie, Linseninstabilität, usw.

Chemische Bezeichnung

Rekombinantes humanes Plasmin tronquée: Rekombinantes humanes Plasmin A-Kette (543–561)-Peptid (548–666;558–566)-Bisulfid mit humanem Plasmin B-Kette légère

Summenformel

$C_{1214}H_{1890}N_{338}O_{348}S_{14}$

Molare Masse

27,2 kDa

P

Pegaptanib

- Selektives Anti-VEGF-A165-Medikament

Indikationen

- MNV bei nAMD

- Pegaptanib: Akronym für einen pegylierten Aptamer-Inhibitor.
- Ein PEGyliertes Polynukleotid-Aptamer, das selektiv an VEGF-A165 (eine Isoform, bei der der C-terminale Teil vorhanden ist) bindet, um die Angiogenese und die Permeabilität von neu gebildeten Gefäßen zu hemmen.
- Entwickelt von Eyetech/Pfizer.
- Es wurde im Dezember 2004 von der FDA als erstes anti-angiogenes Mittel zur Behandlung von MNV bei nAMD zugelassen.
- Pegaptanib wurde in der Europäischen Union erstmals am 31. Januar 2006 zugelassen.
- Aufgrund der Verfügbarkeit wirksamer intravitrealer Medikamente wird dieser intravitreale Wirkstoff inzwischen nicht mehr angewendet.

Handelsname

- Macugen® (Pfizer, New York, USA)

Dosierung

- 0,3 mg einmal alle sechs Wochen intravitreal injiziert

Zugelassen für intravitreale Injektion?

- Ja, in den klinischen VISION-Studien (VEGF Inhibition Study in Ocular Neovascularization) wurde die Wirksamkeit von Pegaptanib bei nAMD nachgewiesen. Die Studie zeigte, dass sich der Visus über einen Behandlungszeitraum von zwei Jahren im Vergleich zu Scheininjektionen besser erhalten ließ. Diese entscheidenden Studien führten im Dezember 2004 zur ersten FDA-Zulassung und ebneten den Weg für künftige intravitreale Anti-VEGF-Therapien.

Nebenwirkungen und Komplikationen: (siehe ▶ Tab. 2.1, Seite 114)

Diese hängen mit der Technik der intravitrealen Anwendung sowie mit den pharmakologischen Eigenschaften des Arzneimittels zusammen (siehe ▶ Tab. 2.1., Seite 114).

Sonstige Bestandteile

Natriumchlorid, Natriumdihydrogenphosphat 1 $H_{(2)\,O}$, Dinatriumhydrogenphosphat 7 $H_{(2)\,O}$, Natriumhydroxid (zur pH-Einstellung), Salzsäure (zur pH-Einstellung), Wasser für Injektionszwecke.

Salzsäure (zur pH-Einstellung), Salzsäure (zur pH-Einstellung), Wasser für Injektionszwecke.

Summenformel

$C_{294}H_{370}F_{13}N_{107}O_{188}P_{28}[C_2H_4O]_{n+m}$

Molare Masse

9520,51 g mol^{-1}

Pegcetacoplan

- Komplement-C3-Inhibitor.

Indikationen

- Therapie der geografischen Atrophie (GA) als Folge der altersbedingten Makuladegeneration (AMD).

- Pegcetacoplan wirkt als PEGylierter Komplement-Peptid-C3-Inhibitor, der die C3-Konvertase hemmt und so die Spaltung von C3 in C3a und C3b verhindert, die eine Entzündungsreaktion bzw. Opsonisierung verhindern.
- Außerhalb der Ophthalmologie wird es auch *systemisch* zur Behandlung der paroxysmalen nächtlichen Hämoglobinurie (PNH) eingesetzt (ab Mai 2021).

- In den klinischen Studien der Phase III, OAKS und DERBY, zeigte Syfovre eine Verlangsamung des Wachstums von Läsionen (Bereiche mit Zellverlust in der Netzhaut).
- Nach 24 Monaten verlangsamten monatliche Injektionen in der OAKS-Studie (637 Teilnehmer) das Wachstum der GA-Läsionen um 22 %. Die alle zwei Monate verabreichten Injektionen verlangsamten das Wachstum der GA-Läsionen um 18 %.
- Nach 24 Monaten verlangsamten die monatlichen Injektionen in der DERBY-Studie (621 Teilnehmer) das Wachstum der Läsionen um 18 %. Alle zwei Monate verabreichte Injektionen verlangsamten das Wachstum der Läsionen um 17 %.

Dosis

- 15 mg/0,1 ml als intravitreale Injektion alle 25–60 Tage

Handelsname

- Syfovre® (Apellis Pharmaceuticals, USA)

Zugelassen für intravitreale Therapie?

- Ja, am 17. Februar 2023 hat die FDA Pegcetacoplan (Syfovre®) als Mittel der ersten Wahl zur Behandlung von GA zugelassen.
- Im Januar 2024 gab die EMA eine negative Stellungnahme zu einem Antrag des Unternehmens Apellis auf EU-Zulassung von Syfovre® ab und empfahl, die Zulassung zu verweigern.

Nebenwirkungen und Komplikationen: (siehe ► Tab. 2.1, Seite 114)

Diese hängen mit der Technik der intravitrealen Anwendung sowie mit den pharmakologischen Eigenschaften des Arzneimittels zusammen (siehe ► Tab. 2.1., Seite 114).

- Nach intravitrealen Pegcetacoplan-Injektionen wurden einige Fälle von retinaler Vaskulitis, einschließlich okklusiver retinaler Vaskulopathie, gemeldet. In den meisten Fällen waren retinale Venen betroffen, und in 86 % der Fälle traten retinale Blutungen auf. Die Ätiologie bleibt unklar, und eine weitere Behandlung mit Pegcetacoplan wird bei den betroffenen Patienten nicht empfohlen.
- In anderen klinischen Studien wurde bei 2,1–3,8 % der Patienten eine intraokulare Entzündung festgestellt.
- Pegcetacoplan wird mit einem erhöhten Risiko für CNV in Verbindung gebracht, insbesondere bei monatlicher Verabreichung (bis zu 12 % Inzidenz).
- Es wurde auch über Fälle von ischämischer Optikusneuropathie berichtet (0,2–1,7 %).

Chemische Bezeichnung

Essigsäure;(4S)-5-[[2-[[(2R)-1-[[(2S)-1-[[(2S,3R)-1-[[(2S)-1-[[(2R)-1-[[(2S)-1-[(2S)-2-[[(2S)-1-[[(2S)-1-[[(2S)-4-amino-1-hydroxy-4-oxobutan-2-yl]amino]-1-oxopropan-2-yl]amino]-4-methyl-1-oxopentan-2-yl]carbamoyl]pyrrolidin-1-yl]-6-[[(2R,3R)-3-Methyl-3,4-dihydro-2H-pyrrole-2-carbonyl]amino]-1-oxohexan-2-yl]amino]-1-oxo-3-sulfanylpropan-2-yl]amino]-1-oxopropan-2-yl]amino]-3-hydroxy-1-

oxobutan-2-yl]amino]-4-carboxy-1-oxobutan-2-yl]amino]-1-oxo-3-sulfanylpropan-2-yl]amino]-2-oxoethyl]amino]-5-oxo-4-[[(2S)-pyrrolidine-2-carbonyl]amino]pentanoic acid

Summenformel

$C_{170}H_{248}N_{50}O_{47}S_4 \cdot (C_2H_4O)_n$

Molare Masse

43520,10 g mol^{-1}

Perfluordecalin ($C_{10}F_{18}$)

- Schwere Flüssigkeit, die in der vitreoretinalen Chirurgie verwendet wird.

Indikationen

- Amotio retinae mit proliferativer Vitreoretinopathie (PVR).
- Riesige Netzhautrisse (GRT).
- Amotio retinae nach Augenverletzungen.
- Entfernung luxierter Linsen oder Intraokularlinsen (IOLs).
- Intraokulare Fremdkörperentfernung (IOFB).
- Komplexe Fälle von Frühgeborenen-Retinopathie (ROP).

- Perfluordecalin ist eine perfluorierte Flüssigkeit (PFCL).
- Auch bekannt als Decahydronaphthalin.
- Eine bizyklische organische Verbindung, die als industrielles Lösungsmittel verwendet wird.
- Perfluordecalin war auch ein Bestandteil von Fluosol®, einem künstlichen Blutprodukt, das in den 1980er-Jahren von der Green Cross Corporation (Osaka, Japan) entwickelt wurde.
- Erhält die Position der Netzhaut während der vitreoretinalen Chirurgie.
- Die *subretinale* Injektion führt zu einer kontrollierten Netzhautablösung, die einen besseren Zugang zu den darunter liegenden Geweben für chirurgische Eingriffe ermöglicht.
- Es wird ausschließlich während der Operation verwendet und am Ende des Eingriffs vollständig entfernt.
- Oberflächenspannung: 19 mN/m.
- Grenzflächenspannung gegen Wasser 53 mN/m.
- Viskosität: 5,53 mPas bei 25 °C.
- Spezifisches Gewicht: 1,93 g/cm^3 bei 20 °C.
- Brechungsindex: 1,31 bei 20 °C.
- Siedepunkt: 140,4–142,4 °C.

Handelsname

- Dk-line® (Bausch+Lomb, USA)
- Eftiar Decalin (DORC International, Niederland)

- F Decalin (Fluoron, Ulm, De)
- Ophthafutur® deca (Pharmpur, De)

Nebenwirkungen und Komplikationen: (siehe ▶ Tab. 2.1, Seite 114)

Diese hängen mit der Technik der intravitrealen Anwendung sowie mit den pharmakologischen Eigenschaften des Arzneimittels zusammen (siehe ▶ Tab. 2.1., Seite 114).

- In mehreren klinischen Studien wurden keine toxischen Wirkungen von kleinen Restblasen von Perfluordecalin beobachtet.
- Subretinale Penetration von Perfluordecalin. Prädisponierende Faktoren: Ruptur des PFCL in Kügelchen, riesige Netzhautrisse und unvollständiges Peeling von Traktionsmembranen in der Netzhaut.
- Intraokulare Toxizität im Zusammenhang mit der unvollständigen Eliminierung von Perfluordecalin am Ende einer vitreoretinale Operation.
- Vorhandensein von Perfluordecalin in der Vorderkammer, das Sehstörungen, Hornhautendothelzellenverlust und einen erhöhten IOD verursachen kann.

Chemische Bezeichnung

1,1,2,2,3,3,4,4,*4a*,5,5,6,6,7,7,8,8,8a-octadecafluoronaphthalene

Summenformel

$C_{10}F_{18}$

Molare Masse

462,08 g mol^{-1}

Perfluorbutylpentan

- Lipophile Flüssigkeit zur Entfernung von Silikonöl aus dem Glaskörper.

Indikationen

- Entfernung von Silikonöl aus dem Glaskörper.

- Perfluorbutylpentan (F4H5) ist ein teilfluoriertes Alkan.
- Es besteht aus einem Di-Block-Molekül, das aus einer lipophoben fluorierten Kohlenstoffkette und einer lipophilen Kohlenwasserstoffkette besteht.
- Die amphiphilen Eigenschaften der semifluorierten Alkane erleichtern die Entfernung von intraokularen Silikonölrückständen erheblich.
- F4H5 ist F6H8 beim Lösen von Silikonölrückständen von Intraokularlinsen eindeutig überlegen.
- F4H5, das gleichzeitig mit 1 Volumenprozent eines Tri-Block-Copolymers aus perfluoriertem Polyether-perfluoriertem Polyethylenglykol-perfluoriertem Polyether (PFPE-PEG-PFPE) verwendet wird, ermöglicht eine effizientere Entfernung von emulgierten Silikonöltröpfchen.
- Spezifisches Gewicht: 1,28 g/cm^3 (bei 25 °C).

Handelsname

- F4H5® Wash Out (Fluoron, Ulm, DE)

Zugelassen für intravitreale Anwendung

- F4H5 ist in der EU als Spüllösung zur Entfernung von Resten emulgierten Silikonöls und klebrigen Öls aus dem Glaskörperraum, das an der Retina oder an Intraokularlinsen haftet, durch ein Spülverfahren zugelassen.

Nebenwirkungen und Komplikationen: (siehe ▶ Tab. 2.1, Seite 114)

Diese hängen mit der Technik der intravitrealen Anwendung sowie mit den pharmakologischen Eigenschaften des Arzneimittels zusammen (siehe ▶ Tab. 2.1., Seite 114).

- Von allen getesteten teilfluorierten Alkanen hat sich F4H5 in *In-vitro-* und *In-vivo-Studien* an Kaninchen als am besten biokompatibel erwiesen.

Chemische Bezeichnung

1-(Perfluorobutyl)pentan

Summenformel

$C_9H_{11}F_9$

Molare Masse

290,17 g mol^{-1}

Perfluoroctan (C_8F_{18})

- Schwere Flüssigkeit, die in der vitreoretinalen Chirurgie verwendet wird.

Indikationen

- Rhegmatogene Amotio retinae: Zur Repositionierung und Stabilisierung der abgelösten Netzhaut, um die intraoperative Manipulation und die Drainage der subretinalen Flüssigkeit zu erleichtern.
- Manipulation von Riesenrissen in der Retina: Ermöglicht die Abflachung und Fixierung der Netzhaut während der Operation.
- Proliferative Vitreoretinopathie (PVR): Hilft, Membranen zu entfernen und die hintere Netzhaut zu stabilisieren, was die Endophotokoagulation erleichtert.
- Augentraumata und Linsenluxation: Kann zur Repositionierung dislozierter Linsen oder zur Stabilisierung der Retina bei schweren Augentraumata verwendet werden.
- Bei submakulären oder suprachoroidalen Hämorrhagien erleichtert ihre hohe Dichte die Verdrängung von Blut aus dem subretinalen Raum.

- Perfluoroctan, auch bekannt als Octadecafluorooctan, ist ein flüssiger Fluorkohlenstoff, ein perfluoriertes Derivat des Kohlenwasserstoffs Octan.
- Brechungsindex nD^{20}: 1,27.
- Dichte (20 °C): 1,766 g/ml.
- Viskosität (mPas) bei 25 °C: 1,4.
- Oberflächenspannung bei 20 °C: 14 mN/m.
- Grenzflächenspannung gegen Wasser bei 20 °C: 54 mN/m.
- Perfluoroctan ist für eine vorübergehende Anwendung – Minuten bis ein paar Tage – vorgesehen und sollte am Ende der Operation oder nach einem kurzen Anwendung entfernt werden.

Dosis

- 1–5 ml

Handelsname

- Arciolane® (Arcadophta, FR)
- Eftiar® octane (DORC International)
- Fluoron® Perfluoroctan (Fluoron GmbH, DE)
- F-Octane® (Geuder AG, DE)
- Octane® (verschiedene Hersteller)
- Ophthafutur® octa (Pharmpur, DE)
- Perfluoron® (Alcon, Fort Worth, Texas, USA)

Zugelassen für intravitreale Therapie?

- Ja, Perfluoroctan, insbesondere die gereinigte Form, die als Perfluoron® (Alcon, Fort Worth, Texas, USA) bekannt ist, wurde 1996 von der FDA für die Verwendung in der vitreoretinalen Chirurgie zugelassen. Es ist auch in Europa für diese Art der intraokularen Chirurgie zugelassen.

Nebenwirkungen und Komplikationen: (siehe ► Tab. 2.1, Seite 114)

Diese hängen mit der Technik der intravitrealen Anwendung sowie mit den pharmakologischen Eigenschaften des Arzneimittels zusammen (siehe ► Tab. 2.1., Seite 114).

- Es wurde ein eindeutiger Zusammenhang zwischen der Reinheit von Perfluoroctan und der Zelltoxizität festgestellt. Die grundlegende Prämisse liegt in der vollständigen Fluorierung von Perfluorkohlenwasserstoffen.
- Mehrere Untersuchungen haben die Toxizität von Perfluoroctan gezeigt, die auf das Vorkommen unvollständig fluorierter Moleküle auf dem Markt zurückzuführen ist, die durch die Präsenz von reaktiven C-H- oder C=C-Doppelbindungen gekennzeichnet sind.

Chemische Bezeichnung

1,1,1,2,2,3,3,4,4,5,5,6,6,7,7,8,8,8-Octadecafluoroctan

Summenformel
C_8F_{18}

Molare Masse
438,06 g mol^{-1}

Perfluorpropan (C_3F_8)

- Expandierendes Gas für die vitreoretinale Chirurgie.

Indikationen
- Rhegmatogene Amotio retinae mit großen Rissen.
- PVR.
- Operation des Makulaforamens.
- Vitreomakuläre Traktion (VMT) (pneumatische Vitreolyse).
- Therapie von subretinalen Blutungen.

- Perfluorpropan (C_3F_8), auch bekannt als Octafluorpropan, ist ein synthetischer Perfluorkohlenstoff.
- Eine chemische Verbindung aus der Gruppe der aliphatischen gesättigten Halogenkohlenwasserstoffe und ein Vertreter der perfluorierten Kohlenwasserstoffe (PFCL).
- Es ist ein farbloses, geruchloses Gas.
- Intravitrealer Expansionsfaktor (mit 100 % CF_8): ×4
- Maximale Ausdehnung (100 % C_3F_8): 3–4 Tage nach intravitrealer Applikation.
- Leicht expansive Konzentration: 14–17 %.
- Isoexpansive Konzentration: 12–14 %.
- Intraokuläre Verweildauer: 55–65 Tage.
- Es hat eine sehr geringe anästhetische Wirkung.
- Grenzflächenspannung: 70 mN/m.
- Luftdruck in der Luft: 6,5.
- Luftdruck (0° C, 1 bar): 8,17 kg/m^3.
- Es hat eine atmosphärische Lebensdauer von etwa 2600 Jahren, was seine Auswirkungen auf die Umwelt nachhaltig macht.

Handelsname
- EasyGas® C3F8 (Fluoron, Ulm, DE)
- GOT Multi C3F8 (Alchimia, IT)
- OcuGas® C3F8 (DORC International, Niederland)
- Ophthafutur® C3F8 (Pharmpur GmbH, DE)
- Pure-line™ C3F8 (Bausch+Lomb, USA)
- UNIPURE C3F8 (Alcon, USA)

Dosis
- 12–14 % intravitreales C_3F_8 (isoexpansible Konzentration).
- Das Volumen von C_3F_8, das für die Behandlung von subretinalen Blutungen verwendet wird, beträgt 0,3 ml.
- 10 % C_3F_8 wird bei der DMEK in die *Vorderkammer* injiziert.

Zugelassen für intravitreale Anwendung?
- UNIPURE C3F8 (Alcon, USA) wurde von der FDA am 2. Juli 2024 für die Verwendung in der vitreoretinalen Chirurgie zugelassen.

Nebenwirkungen und Komplikationen: (siehe ► Tab. 2.1, Seite 114)
Diese hängen mit der Technik der intravitrealen Anwendung sowie mit den pharmakologischen Eigenschaften des Arzneimittels zusammen (siehe ► Tab. 2.1., Seite 114).
- Das Hauptrisiko bei der Verwendung von C_3F_8 ist der postoperative Anstieg des Augeninnendrucks (IOD), der unbehandelt zu einer dauerhaften Schädigung des Nervus opticus führen kann.
- Zu den weiteren Komplikationen zählen das Fortschreiten der Katarakt und Gasmigration.

Chemische Bezeichnung
1,1,1,2,2,3,3,3-Octafluorpropan

Summenformel
C_3F_8

Molare Masse
188,020 g mol^{-1}

R

Ranibizumab

- Rekombinantes humanisiertes monoklonales Antikörperfragment (rhuFab V2) mit Anti-VEGF-A-Funktion.

Indikationen
- MNV bei nAMD.
- DMÖ.
- Makulaödem infolge eines Netzhautvenenverschlusses (VAV, ZVV).
- pmMNV.
- Frühgeborenen-Retinopathie (RPO) in Zone I (Stadien 1+, 2+, 3 oder 3+), Zone II (Stadium 3+) oder einer A-ROP.
- Proliferative diabetische Retinopathie (PDR).

- Sekundäre makuläre Neovaskularisation (sMNV), in der Regel aufgrund einer zentralen serösen Retinopathie (CSR) oder postinflammatorisch – *„off label"*.

- Ranibizumab ist ein rekombinantes humanisiertes monoklonales Antikörperfragment, das gegen den menschlichen vaskulären endothelialen Wachstumsfaktor-A (VEGF-A) gerichtet ist.
- Es wird mithilfe von rekombinanter DNA aus *E.-coli-Bakterien* hergestellt.
- Ranibizumab bindet mit hoher Affinität an VEGF-A-Isoformen (wie VEGF110, VEGF121 und VEGF165) und verhindert, dass VEGF-A an seine Rezeptoren VEGFR-1 und VEGFR-2 bindet.
- Die Bindung von VEGF-A an seine Rezeptoren induziert die Proliferation von Endothelzellen und die Neovaskularisierung sowie Gefäßleckagen, von denen man annimmt, dass sie zum Fortschreiten der neovaskulären Form der altersbedingten Makuladegeneration, der pathologischen Myopie und der CNV oder zur Sehbehinderung beitragen, sei es als Folge eines diabetischen Makulaödems oder eines Makulaödems aufgrund von PVR bei Erwachsenen und ROP bei Frühgeborenen.

Dosis

- 0,5 mg/0,05 ml

nAMD

- 0,5 mg/0,05 ml:
  - *Initialphase:* monatliche Injektionen, bis keine Krankheitsaktivität mehr festgestellt wird (mindestens 3 aufeinanderfolgende Injektionen).
  - *Erhaltungsphase:*
    a) *PRN*: nach Bedarf, auf der Grundlage monatlicher Kontrollen.
    b) *„Treat & Extent"*: Die Abstände zwischen den Injektionen werden schrittweise verlängert, solange keine Krankheitsaktivität besteht.
- *Studien: MARINA (untersuchte Ranibizumab bei Patienten mit minimaler klassischer oder okkulter choroidaler Neovaskularisation [CNV] als Folge von AMD) und ANCHOR (untersuchte Ranibizumab bei Patienten mit überwiegend klassischer CNV als Folge von AMD und verglich es mit einer photodynamischen Therapie [PDT] mit Verteporfin).*

DMÖ

- 0,5 mg/0,05 ml:
  - *Initialphase:* Monatliche Injektionen, bis die maximale Visus erreicht ist und/oder die Krankheitsaktivität verschwindet.
  - *Erhaltungsphase:* Wenn die Sehschärfe drei Monate lang stabil bleibt, kann der Abstand zwischen den Injektionen verlängert werden („Treat & Extend" oder PRN).
  - *Studien: RESTORE (zeigte, dass Ranibizumab, allein oder in Kombination mit einer Lasertherapie, der Lasertherapie allein überlegen ist) und RESOLVE (bestätigte die Wirksamkeit und Sicherheit von Ranibizumab bei nAMD).*

CMÖ bei ZVV oder VAV

- 0,5 mg/0,05 ml:
  - *Initialphase:* Monatliche Injektionen bis zum Verschwinden der Aktivität.
  - *Erhaltungsphase:* Nach Bedarf (PRN), je nach Aktivität.
  - *Studien BRAVO (VAV) und CRUISE (ZVV).*

pmMNV

- 0,5 mg/0,05 ml:
  - *Initialphase*: Eine Injektion intravitreal.
  - *Folgebehandlung:* Zusätzliche Injektionen bei Wiederauftreten von Aktivität (PRN).

Proliferative diabetische Retinopathie

- 0,5 mg/0,05 ml:
  - *Initialphase:* Eine Injektion pro Monat, bis bei fortgesetzter Behandlung die maximale Sehschärfe erreicht ist und/oder bis keine Anzeichen von Krankheitsaktivität mehr festgestellt werden.
  - *Folgebehandlung:* Zusätzliche Injektionen bei Wiederauftreten (PRN).
  - *Klinische Studie: Protokoll S.*

Frühgeborenen-Retinopathie

- 0,2 mg/0,02 ml:
  - Die Behandlung der ROP bei Frühgeborenen wird mit einer einzigen Injektion in jedes Auge begonnen und kann am selben Tag in beide Augen injiziert werden. Insgesamt können innerhalb von sechs Monaten nach Beginn der Behandlung bis zu drei Injektionen pro Auge verabreicht werden, wenn es Anzeichen für eine Krankheitsaktivität gibt. Die meisten Patienten (78 %) in der klinischen Studie erhielten eine Injektion pro Auge. Die Verabreichung von mehr als drei Injektionen pro Auge wurde nicht untersucht. Der Abstand zwischen zwei Injektionen in dasselbe Auge sollte mindestens *vier Wochen* betragen.
  - *RAINBOW-Studie.*

Galenik

1. **Ampulle:** Ranibizumab 10 mg/ml (Ampulle mit 2,3 mg Ranibizumab in 0,23 ml Lösung).
2. **Fertigspritze:** Ranibizumab 10 mg/ml (Fertigspritze mit 1,65 mg Ranibizumab in 0,165 ml Lösung).
3. **Visisure®** (NOVARTIS Pharma, DE): Speziell entwickelte Fertigspritze zur präzisen Verabreichung kleiner Volumina (0,02 ml) von intravitrealen Medikamenten, insbesondere Lucentis® (Ranibizumab), bei Frühgeborenen-Retinopathie der Zone I (Stadium 1+, 2+, 3 oder 3+), Zone II (Stadium 3+) oder A-ROP (aggressive posteriore Retinopathie).
4. **Port-Delivery-System (PDS):** Susvimo™ (Genentech, Inc., San Francisco, CA, USA; Roche, CH) ist ein nachfüllbares intraokulares Implantat, das zur dauerhaften Implantation in die Sklera entwickelt wurde, um eine kontinuierliche passive Diffusion von Ranibizumab in die Glaskörperhöhle zu ermöglichen. Die FDA hat

PDS im Jahr 2021 für die Behandlung von nAMD bei Patienten zugelassen, die zuvor auf zwei oder mehr intravitreale Injektionen von VEGF-Inhibitoren angesprochen haben. Im April 2025 hat die FDA Susvimo™ auch für die Behandlung des diabetischen Makulaödems zugelassen. Das Reservoir besteht aus einem silikonbeschichteten, nicht biologisch abbaubaren Polysulfonkörper, der 0,02 ml des Medikaments aufnehmen kann. Es wird durch einen 3,5-mm-Skleralschnitt in die Pars plana eingeführt und durch einen extraskleralen Flansch in der Sklera verankert. Die Wirkstoffabgabe erfolgt durch passive Diffusion in den Glaskörperraum unter Anwendung des Fick'schen Gesetzes. Die neue Ranibizumab-Lösung wird in einem Volumen injiziert, das fünfmal größer ist (0,1 ml) als das Volumen des Reservoirs (0,02 ml), um eine Nachfüll-Austausch-Effizienz von mehr als 98 % zu erreichen. Etwa 70 % der ursprünglichen Ranibizumab-Füllung (100 mg/ml) werden über einen Zeitraum von 6 Monaten freigesetzt. Die Freisetzungsrate ändert sich allmählich von ~17 µg/Tag auf ~4 µg/Tag, was auf die kontinuierliche Abnahme der Ranibizumab-Konzentration im Implantat zurückzuführen ist. Damit ein Medikament als PDS-kompatibel gilt, muss es eine Reihe von spezifischen Kriterien erfüllen:

- *Stabilität*: Das Medikament muss im Implantat über einen längeren Zeitraum stabil bleiben, um seine Wirksamkeit zu erhalten.
- *Isotonie:* Die Formulierungen sollten isotonisch sein, um Reizungen oder Schädigungen des Augengewebes zu vermeiden.
- *Hohe Proteinkonzentration:* Die Fähigkeit, hoch konzentrierte Lösungen zu formulieren, ist für eine effiziente Verabreichung und zur Erleichterung von Nachfüllvorgängen unerlässlich.

Zurzeit erfüllt nur Ranibizumab alle diese drei Kriterien.

Handelsname

- **Lucentis®** (Novartis, CH) – Original
- **Byooviz™** (Samsung Bioepis und Biogen) – Biosimilar, EU zugelassen.
- **Cimerli®** (Formycon, USA) – Biosimilar.
- **Nufymco®** (Formycon, USA/Bioeq, CH) – Biosimilar.
- **Ranivisio®** (Bioeq, CH)/Polpharma Biologics, Polen) – Biosimilar, EU zugelassen.
- **Rimmyrah®** (Qilu Pharma), Biosimilar, EU zugelassen.
- **Ruxience®** (Pfizer) – Biosimilar, EU zugelassen.
- **Susvimo®**(Roche, CH), FDA zugelassen.
- **Ximluci®** (Xbrane Biopharma, STADA Arzneimittel AG) – Biosimilar, EU zugelassen.

Zugelassen für intravitreale Therapie?

- Lucentis® (Ranibizumab) wurde 2006 in den USA und der Schweiz zugelassen. Im Jahr 2007 wurde es von der EU-Kommission für alle EU-Staaten zugelassen. Verschiedene Ranibizumab-Biosimilars wurden ebenfalls von verschiedenen Gesundheitsbehörden in verschiedenen Ländern zugelassen.

Biosimilars?

Das Patent für das Molekül Ranibizumab seines Entwicklers Genentech (USA) lief im Juni 2020 in den USA und im Juli 2022 in der EU aus.

Daher wurden Biosimilars von Ranibizumab entwickelt, von denen einige sogar von der FDA und der EMA zugelassen sind:

- **Byooviz** ™(Samsung Bioepis, Südkorea/Biogen, USA). Am 17. September 2021 erteilte die FDA in den USA die Zulassung für Ranibizumab (Ranibizumab-nuna) als erstes Biosimilar von Ranibizumab für alle Indikationen, für die das Original-Ranibizumab in Europa zugelassen ist: nAMD, diabetisches Makulaödem (DMÖ), diabetische Retinopathie (DR), retinaler Venenverschluss (RVO), myopische choroidale neovaskuläre Membran (m-NMNV). Darüber hinaus wurde BYOOVIZ™ in Europa, einschließlich der 27 Mitgliedsländer der Europäischen Union (EU), am 18. August 2021 und im Vereinigten Königreich am 31. August 2021 zugelassen.
- **Cimerli®** (Coherus BioSciences), Biosimilar (*Ranibizumab-eqrn*). FDA-Zulassung im August 2022.
- **Ongavia®** (Teva Pharmaceutical Industries Ltd.) Das Biosimilar ist in Großbritannien seit Mai 2022 unter diesem Namen erhältlich, nachdem die britische Arzneimittelbehörde (MHRA) die Zulassung erteilt hat.
- **Ranibizumab BS 1** (Senju Pharmaceutical Co., Ltd/Kids well Bio Corporation, Japan) wurde in Japan am 27. September 2021 für die intravitreale Behandlung von nAMD zugelassen.
- **Ranieyes®** (Lupin Limited, Mumbai, Indien) war das dritte Ranibizumab-Biosimilar-Molekül, das im November 2021 von der DCGI für die nAMD und im Juni 2022 für VAV, ZVV und pmMNV in Indien zugelassen wurde.
- **Ranivisio®** (Bioeq, CH/Polpharma Biologic, Polen). Entwickelt von Bioeq, einem Joint Venture zwischen Formycon und Polpharma Biologics. Im August 2022 von der EMA zugelassen. In Europa über Teva Pharmaceuticals kommerzialisiert.
- **Ranizurel®** (Reliance Life Sciences Ltd, Mumbai, Indien) war das zweite Biosimilar-Molekül von Ranibizumab, das im Oktober 2020 von der DCGI in Indien zugelassen wurde. Es ist in Indien für nAMD zugelassen.
- **Razumab®** (Intas Pharmaceuticals, Ahmedabad, GJ, Indien) war das erste weltweite Biosimilar von Ranibizumab, das im Juni 2015 von der indischen Aufsichtsbehörde DCGI zugelassen wurde. Es ist für alle Indikationen zugelassen, für die auch das Original-Ranibizumab zugelassen ist: nAMD, BMD, RVO, pmMNV). Razumab wurde in Indien auch für die Retinopathie der Frühgeborenen (ROP) zugelassen.
- **Rimmyrah®** (Qilu Pharma) wurde am 9. November 2023 von der EMA zugelassen.
- **Ximluci®** (Stada Arzneimittel/Xbrane Biopharma) wurde am 9. November 2022 von der EMA zugelassen.

Nebenwirkungen und Komplikationen: (siehe ▶ Tab. 2.1, Seite 114)

- Diese hängen mit der Technik der intravitrealen Anwendung sowie mit den pharmakologischen Eigenschaften des Arzneimittels zusammen (siehe ▶ Tab. 2.1., Seite 114).
- Darüber hinaus wurden für Susvimo™ folgende Punkte beschrieben:
- Endophthalmitis,
- Rhegmatogene Netzhautablösung,
- Dislokation des Implantats,
- Verschiebung der Scheidewand,
- Glaskörperblutung,

- Einziehen der Bindehaut,
- Erosion der Bindehaut,
- Bindehautblasenbildung,
- In den ersten zwei Monaten nach der Operation ist in der Regel eine Abnahme des Visus festzustellen.
- Die intravitreale Implantation von Susvimo™ wurde mit einer dreifach höheren Rate an Endophthalmitis in Verbindung gebracht als die monatliche intravitreale Injektion von Ranibizumab. In klinischen Studien kam es bei 2 % der Patienten, die ein Implantat erhielten, zu einer Endophthalmitis-Episode.

Chemische Bezeichnung

Humanisiertes rekombinantes monoklonales Anti-VEGF-A-Antikörper-Fab-Fragment (IgG1-κ)

Summenformel

$C_{2158} H_{3282} N_{562} O_{681} S_{12}$

Molare Masse

48379,29 g mol^{-1}

Revakinagene Taroretcel-Iwey

- Allogene Gentherapie auf der Basis von verkapselten RPE-Zellen.

Indikationen

- Behandlung der makulären Teleangiektasie (MacTel) Typ 2.

- Revakinagene Taroretcel-Iwey (Encelto®) ist die erste und einzige von der FDA zugelassene Behandlung für exsudative Makulopathie (MacTel).
- Encelto® verwendet die Technologie der verkapselten Zelltherapie (ECT), die aus einer chirurgisch implantierten semipermeablen Kapsel besteht, die genetisch veränderte Pigmentepithelzellen der Netzhaut enthält. Diese Zellen geben anhaltende therapeutische Dosen des ziliaren neurotrophen Faktors (CNTF) ab.
- Encelto® wird während eines ambulanten chirurgischen Eingriffs in den Glaskörper implantiert und mit der Sklera vernäht.
- Die gewonnenen Daten haben gezeigt, dass Revakinagene Taroretcel über einen Zeitraum von 14,5 Jahren konstante CNTF-Spiegel erzeugt.
- Encelto® ist eine undurchsichtige, halbdurchlässige, cremefarbene Kapsel, die an beiden Enden verschlossen ist und an einem Ende eine Titanschlaufe aufweist. Die Breite von Encelto® beträgt 1,2 ± 0,1 mm, die Länge 6,1 ± 0,4 mm und der Innendurchmesser 0,88 ± 0,02 mm.
- Revakinagene Taroretcel wird auch für die Behandlung des Glaukoms geprüft.

Zugelassen für intravitreale Therapie?

- Ja, am 6. März 2025 von der FDA zur intravitrealen Anwendung für die Behandlung der makulären Teleangiektasie (MacTel) Typ 2 zugelassen.
- Die FDA-Zulassung des Medikaments basierte auf den Ergebnissen von zwei Phase-III-Studien (Protocol A und B). Die Studienergebnisse zeigten, dass Encelto® nach intravitrealer Implantation den Verlust der Makula-Photorezeptoren bei MacTel-Patienten über 24 Monate signifikant verlangsamte.

Handelsname

- Encelto® (Neurotech Pharmaceuticals, USA)

Dosis

- Ein intravitreales Implantat mit einer Einzeldosis enthält zwischen 200.000 und 440.000 allogene Pigmentepithelzellen der Retina, die den rekombinanten humanen ziliären neurotrophen Faktor (rhCNTF) exprimieren (Zelllinie NTC-201-6A)

Nebenwirkungen und Komplikationen: (siehe ▶ Tab. 2.1, Seite 114)

Diese hängen mit der Technik der intravitrealen Anwendung sowie mit den pharmakologischen Eigenschaften des Arzneimittels zusammen (siehe ▶ Tab. 2.1., Seite 114).

Rituximab

- Monoklonaler Antikörper, der bei der Behandlung bestimmter Krebsarten und Autoimmunkrankheiten eingesetzt wird.

Indikationen

- Wird als Monotherapie bei Augen mit primärem vitreoretinalem Lymphom (PVRL) eingesetzt.
- Intravitreales Rituximab wurde auch in Kombination mit Methotrexat zur Behandlung von PVRL eingesetzt.

- Rituximab ist ein IgG-1-Kappa-Immunglobulin.
- Es handelt sich um einen chimären monoklonalen Maus-Mensch-Antikörper, der auf das CD20-Protein auf der Oberfläche von gutartigen und bösartigen B-Zellen abzielt.
- Die vielfältigen zellulären Wirkungen von Rituximab führen letztlich zu einer Verarmung der B-Zell-Populationen.
- Die Erschöpfung der B-Zellen wird durch die folgenden drei Mechanismen verursacht:
- Apoptose.
- Komplement-abhängige B-Zell-Lyse (CDC).
- Antikörper-abhängige zellvermittelte Zytotoxizität (ADCC) über Makrophagen, Granulozyten und natürliche Killerzellen.

Dosis

- 1 mg/0,1 ml intravitreal
- Die Dosierungsschemata bestehen in der Regel aus wöchentlichen Injektionen für 4 Wochen, gefolgt von monatlichen Injektionen zur Erhaltung

Zugelassen für intravitreale Therapie?

- Nein. Anwendung intravitreal „*off label*".

Nebenwirkungen und Komplikationen: (siehe ▶ Tab. 2.1, Seite 114)

Diese hängen mit der Technik der intravitrealen Anwendung sowie mit den pharmakologischen Eigenschaften des Arzneimittels zusammen (siehe ▶ Tab. 2.1., Seite 114).

Chemische Bezeichnung

Chimärer monoklonaler Anti-CD20-Antikörper des Isotyps (IgG1-κ)

Summenformel

$C_{6416} H_{9874} N_{1688} O_{1987} S_{44}$

Molare Masse

143859,7 Da

S

Schwefelhexafluorid (SF6)

- Gas zur mittelfristigen Netzhauttamponade in der vitreoretinalen Chirurgie.

Indikationen

- Amotio retinae mit Riesenriss.
- Amotio retinae ohne Proliferation.
- Amotio retinae im Falle einer proliferativen diabetischen Retinopathie (PDR).
- Proliferative Vitreoretinopathie (PVR).
- Traumatische Amotio retinae.
- Chirurgie des Makulaforamens.
- Darüber hinaus wurde bei der *DMEK* eine Injektion von 10 % SF_6 in die *Vorderkammer* verwendet, um eine Apposition zwischen dem hinteren Spendergewebe und dem Empfängerstroma zu schaffen.

- Anorganische chemische Verbindung der Elemente Schwefel und Fluor.
- Wie Stickstoff ist SF_6 unter normalen Bedingungen gasförmig, farblos und geruchlos.
- Entdeckt 1901 von Chemie-Nobelpreisträger Henri Moissan (1852–1907) und von Paul Lebeau (1868–1959).
- Kurz wirkendes Gas bei intravitrealer Injektion: 10–14 Tage im Glaskörperraum.
- Ungiftig und extrem inert.
- Intravitrealer Expansionsfaktor (bei 100 % SF_6): ×2.
- Maximale Ausdehnung (bei 100 % SF_6): 24–48 Stunden nach intravitrealer Applikation.
- Verbleib im Glaskörper: 15 Tage.
- Leicht expansive Konzentration: 20–25 %.
- Isoexpansive Konzentration: 20 %.
- Grenzflächenspannung: 70 mN/m.
- Dichte: (20 °C, 1 bar) 6,07 kg/m^3.
- Dichteverhältnis bezogen auf Luft: 5,125.
- SF_6 hat ein extrem hohes Erderwärmungspotenzial, 23.900-mal höher als CO_2.

Zugelassen für intravitreale Therapie?

- Ja, 1993 von der FDA für die *pneumatische Retinopexie* zugelassen.

Dosis

- 20 % intravitreal (isoexpansive Konzentration)
- *DMEK*: 10 % in der *Vorderkammer*.
- Subretinale Hämorrhagie: 0,5 ml intravitreal

Handelsname

- EasyGas® SF6 (Fluoron, Ulm, DE)
- GOT Multi SF6 (Alchimia, IT)
- OcuGas® SF6 (DORC International, Niederlande)
- Ophthafutur® SF6 (Pharmpur GmbH, DE)
- Pure-line™ SF6 (Bausch+Lomb, USA)

Nebenwirkungen und Komplikationen: (siehe ▶ Tab. 2.1, Seite 114)

Diese hängen mit der Technik der intravitrealen Anwendung sowie mit den pharmakologischen Eigenschaften des Arzneimittels zusammen (siehe ▶ Tab. 2.1., Seite 114).

Chemische Bezeichnung

Schwefelhexafluorid

Summenformel

SF_6

Molare Masse

146,06 g mol^{-1}

Silikonöl

- Langfristige Tamponade der Netzhaut in der vitreoretinalen Chirurgie.

Indikationen

Vorübergehende Netzhauttamponade nach chirurgischer Behandlung einer Amotio retinae, insbesondere für:
- Inferiore und posteriore Netzhautrisse.
- Rhegmatogene Netzhautablösung mit Riesenrissen.
- Amotio retinae mit PVR.
- Amotio retinae bei schwerer proliferativer diabetischer Retinopathie.
- Amotio retinae traumatischen Ursprungs.
- Rezidivierende, durch Kurzsichtigkeit bedingte oder posttraumatische Makulaformina.
- Virusbedingte nekrotische Retinitis.
- Notwendigkeit umfangreicher Retinektomien.
- Komplizierte Amotio retinae bei Kindern.
- Anderer Arten von Tamponaden waren nicht wirksam.

- Silikonöle (SilOils) gehören zur Gruppe der synthetischen siliciumorganischen Verbindungen, die durch die Wiederholung der Gruppe -[R2Si-O]- gebildet werden.
- Strukturell gesehen handelt es sich bei SilOils um Polydimethylsiloxan-Polymere (PDMS), die sich durch eine geringe Oberflächenenergie und chemische Inertheit auszeichnen.
- Chemisch inert, nicht krebserregend, nicht biologisch abbaubar, hitzebeständig.
- Unlöslich in Wasser, vollständig durchlässig für sichtbares Licht.
- Höherer Brechungsindex als der des Glaskörpers (1,405 vs. 1,336), was bei phaken und pseudophaken Augen zu Hyperopie führen kann.
- Die Toxizität hängt eher vom Grad der Reinigung als von der Viskosität ab.
- Aufgrund dieser Sicherheitseigenschaften werden sie in der vitreoretinalen Chirurgie häufig als lang wirkende Glaskörperersatzstoffe eingesetzt, vor allem bei komplizierten Netzhautablösungen zur Stabilisierung der wiederangelegten Netzhaut.
- Die Verwendung von Silikonöl in der vitreoretinalen Chirurgie wird bevorzugt, wenn eine *nicht resorbierbare* Tamponade erforderlich ist.
- Aufgrund ihrer hydrophoben und chemisch inerten Eigenschaften werden sie seit den 1960er-Jahren (Cibis 1962) zur langfristigen intraokularen Tamponade verwendet.
- *Schwere* Silikonöle sind schwieriger aus dem Glashohlraum zu entfernen, da sie nicht schwimmen. Enthält Zusatzstoffe wie Perfluoralkane.
- Im Allgemeinen werden Silikonöle mit 1000 Centistokes (cSt) am häufigsten verwendet, während 5000 cSt normalerweise verwendet werden, wenn eine längere Retentionszeit erwartet wird, da sie eine geringere Neigung zur Emulgierung haben.

Formen

Es gibt hauptsächlich 4 verschiedene Formen von Silikonöl für die vitreoretinale Chirurgie (◘ Tab. 1.3):
- Silikonöl 1000 cSt
- Silikonöl 2000 cSt
- Silikonöl 5000 cSt
- Schwere Silikonöle

- Die Verwendung von *schweren* Silikonölen:
- Ermöglichen eine effektivere Tamponade der *unteren* Netzhaut.
- Einigen Studien zufolge scheint Densiron® 68 bei der Behandlung von Netzhautablösungen im Zusammenhang mit PVR wirksamer zu sein als Oxane® HD.
- Bieten dem Patienten eine komfortablere postoperative Erholungsphase, da sie ihm eine Rücken- oder halbsitzende Position ermöglichen.
- Die durchschnittliche Verweildauer von Densiron®68 im Glaskörperraum beträgt etwa 4 Monate bis zur chirurgischen Entfernung.
- Einigen Studien zufolge soll schweres Silikonöl nicht wirksamer sein als normales Silikonöl (◘ Tab. 1.4).

Handelsname

- **Silikonöl 1000 cSt:**
  - Siluron® 1000 (Fluoron, Ulm, DE)
  - SIL-1000-S (DORC International, Niederlande)
  - PDMS 1000 (Micromed, IT)
  - Ophthafutur® sil1000 (Ophthafutur, DE)
- **Silikonöl 2000 cSt:**
  - Siluron® 2000 (Fluoron, Ulm, DE)
  - SIL-2000-S (DORC International)
  - PDMS 2000 (Micromed, IT)
  - Ophthafutur® sil2000 (Ophthafutur, DE)

◘ Tab. 1.3 Physikalische und chemische Eigenschaften von Silikonölen (aus: DORC International)

	1000 cSt	**2000 cSt**	**5000 cSt**
Viskosität (bei 25 °C)	1000–1500 mPas	1700–2300 mPas	5000–5900 mPas
Spezifische Schwerkraft	0,97 g/cm³ bei 25 °C	0,97 g/cm³ bei 25 °C	0,97 g/cm³ bei 25 °C
Oberflächenspannung	20 mN/m gegen Luft	20 mN/m gegen Luft	21 mN/m gegen Luft
Grenzflächenspannung	39 mN/m gegen Wasser	37 mN/m gegen Wasser	40 mN/m gegen Wasser
Brechungsindex	Ca. 1,404	Ca. 1,404	Ca. 1,404
Dichte (g/cm³)	0,97	0,97	0,97

Tab. 1.4 Physikalisch-chemische Eigenschaften von *schweren* Silikonölen (aus Fluoron und Bausch+Lomb)

	Densiron® 68	Densiron® XTRA	Oxane® HD
Viskosität	1400 mPas	4100–4800 mPas	3300 mPas
Spezifische Schwerkraft		0,97 g/cm³	
Grenzflächenspannung in Wasser (bei 25 °C)	40,82 mN/m	>40 mN/m	>40 mN/m
Brechungsindex	1,387	1,40	1,40
Dichte (bei 22 °C)	1,06 g/cm³	1,03–1,06 g/cm³	1,02 g/cm³
Volumen an ERM (Anteil an teilfluoriertem Alkan)			11,9 %

- **Silikonöl 5000 cSt:**
  - Siluron® 5000 (Fluoron, Ulm, DE)
  - SIL-5000-S (DORC International)
  - PDMS 5000 (Micromed, IT)
  - Ophthafutur® sil5000 (Ophthafutur, DE)
  - ADATO® SIL-OL 5000 (Bausch+Lomb, USA)
- **Schwere Silikonöle:**
  - Densiron® 68 (Fluoron, Ulm, DE): Lösung bestehend aus 69,5 % Silikonöl 5000 cSt und 30,5 % Perfluorhexyloctan (F6H8)
  - Densiron® XTRA (Fluoron, Ulm, DE): 69,5 % Siluron® Xtra und 30,5 % F6H8
  - Oxane® HD (Bausch+Lomb, USA): Lösung bestehend aus 11 % RMN3 (ein Kohlenwasserstoff und fluoriertes Olefin) und 89 % Silikonöl 5700 cSt (Oxane® 5700)

Zugelassen für intravitreale Anwendung?

- Silikonöl ist in Europa als Medizinprodukt für die intraokulare Anwendung bei vitreoretinalen Eingriffen zugelassen.

Nebenwirkungen und Komplikationen: (siehe ▶ Tab. 2.1, Seite 114)

Diese hängen mit der intravitrealen Applikationstechnik sowie mit den pharmakologischen Eigenschaften des Arzneimittels zusammen (siehe ▶ Tab. 2.1., Seite 114). Darüber hinaus wurden Komplikationen beobachtet, wie z. B.:

- Vorhandensein von Silikonöl in der Vorderkammer, z. B. aufgrund von Aphakie, schwacher zonulärer Unterstützung, Blockierung der inferioren peripheren Iridektomie (Ando-Iridektomie) oder Ruptur der hinteren Linsenkapsel.
- Erhöhter Augeninnendruck durch: Pupillarblock, Überfüllung mit Silikonöl, sekundäres Offenwinkelglaukom, Migration von Silikonöl in die vordere Augenkammer, was zu einem sekundären Winkelschließungsglaukom führt.
- Chronische okuläre Hypotonie (IOD ≤5 mmHg): tritt gewöhnlich in der späten postoperativen Phase auf.

- Kataraktbildung (*Catracta subcapsularis posterior complicata*).
- Emulsifikation, die zu einem Glaukom führen kann, Entzündung. Die Emulsifikation kann bereits eine Woche nach der Operation auftreten, am häufigsten ist sie jedoch einige Monate später.
- Keratopathie: Längerer Gebrauch von Silikonöl wird mit der Entwicklung von Keratopathie in Verbindung gebracht, entweder in Form von *Bandkeratopathie*, die am häufigsten in den frühen Stadien auftritt, und *bullöser Keratopathie* in späteren Stadien.
- Ungeklärter Sehverlust: OCT und FA sind normal. Das multifokale ERG hat gezeigt, dass nur das foveale Segment betroffen ist. Es wird vermutet, dass dies auf die plötzliche Veränderung der physiologischen Umgebung zurückzuführen ist, die den Ionenaustausch in der Retina beeinträchtigt.
- Die Toxizität von Silikonöl hängt eher vom *Grad der Reinigung* als von der Viskosität ab.

Summenformel

$(C_2H_6OSi)n$

Molare Masse

74,15 g mol^{-1} für Polydimethylsiloxan (PDMS)

Sirolimus

- Entzündungshemmendes Medikament.

Indikationen

- Nicht-infektiöse Uveitis des hinteren Segments *(„off label")*.

- Sirolimus ist ein Immunsuppressivum und mTOR-Hemmer mit einer Makrolidstruktur (makrozyklisches Lacton). Es wird aus dem Streptomyceten *Streptomyces hygroscopicus* gewonnen, einer Bakterienart, die erstmals aus dem Boden der Insel Rapa Nui (Osterinsel, Chile) isoliert wurde. Sirolimus und Tacrolimus sind verwandte Substanzen, wurden aber aus verschiedenen Streptomyceten isoliert und haben auch unterschiedliche Wirkmechanismen.
- Ein Derivat von Sirolimus ist Everolimus.
- Sirolimus wurde erstmals 1999 von der FDA zur Prophylaxe der Organabstoßung bei nierentransplantierten Patienten über 13 Jahren zugelassen.

Dosis

- 440 µg (alle 8 Wochen) – *Studie SAKURA 1*

Zugelassen für intravitreale Therapie?

- Nein. Anwendung intravitreal *„off label"*.

Nebenwirkungen und Komplikationen: (siehe ► Tab. 2.1, Seite 114)

Diese hängen mit der Technik der intravitrealen Anwendung sowie mit den pharmakologischen Eigenschaften des Arzneimittels zusammen (siehe ► Tab. 2.1., Seite 114).

- In mehreren Tierstudien und klinischen Versuchen wurde keine direkte Netzhauttoxizität von intravitrealem Sirolimus beschrieben, selbst bei hohen Dosen (bis zu 1000 µg bei Kaninchen).
- Histopathologische Untersuchungen ergaben keine toxischen Wirkungen auf die Retina.

Chemische Bezeichnung

(1R,9S,12S,15R,16E,18R,19R,21R,23S,24E,26E,28E,30S,32S,35R)-1,18-dihydroxy-12-[(2R)-1-[(1S,3R,4R)-4-hydroxy-3-methoxycyclohexyl]propan-2-yl]-19,30-dimethoxy- 15,17,21,23,29,35-hexamethyl-11,36-dioxa-4-azatricyclo[30.3.1.0^{4,9}] hexatriaconta-16,24,26,28-tetraene-2,3,10,14,20-pentone

Summenformel

$C_{51}H_{79}NO_{13}$

Molare Masse

914,17 g mol^{-1}

T

Tenecteplase

- Fibrinolytisches Medikament der dritten Generation.

Indikationen

- Behandlung der akuten submakulären Blutung, die in der Regel mit nAMD einhergeht.
- Glaskörperhämorrhagie.
- Fibrinbildung nach einer Vitrektomie.
- Retinale Gefäßverschlusskrankheiten, insbesondere Venenverschlüsse.
- Suprachoroidale Blutung.
- Endophthalmitis.

- Tenecteplase (TNK) ist eine durch rekombinante DNA-Technologie hergestellte Variante von tPA, die mehrere Punktmutationen aufweist.
- Das Glykoprotein besteht aus 527 Aminosäuren. Die Sequenz ist im Vergleich zum nativen gewebespezifischen Plasminogenaktivator (t-PA) an drei Stellen verändert.
- Es ist ein rekombinanter Plasminogenaktivator, der Plasminogen in Plasmin umwandelt. Das Plasmin löst das Fibrin und damit das Blutgerinnsel auf.

- Es hat eine längere Plasmahalbwertszeit als tPA (18 gegenüber 4 Minuten), eine langsamere Plasma-Clearance, eine 14-mal größere Fibrin-Spezifität als tPA und eine 80-mal größere Resistenz gegenüber der Inaktivierung durch Gewebeplasminogenaktivator-1 (PAI-1).
- Das Vehikel enthält viel weniger L-Arginin (weniger als ein Drittel des in tPA enthaltenen), das vermutlich die Ursache für die Toxizität für die äußere Netzhaut und das RPE ist.
- In Untersuchungen an Schweinsaugenmodellen hat fluoreszenzkonjugiertes TNK (100 µg) gezeigt, dass das intravitreal verabreichte Medikament in retinale Venen eindringen kann, wobei eine besonders intensive Färbung in Gefäßen mit Verschlüssen beobachtet wurde.
- In einer Tierstudie zeigte die subretinale Injektion von TNK keine Toxizität für die äußere Netzhaut, und in einer veröffentlichten Fallstudie führte die subretinale Verabreichung von TNK beim Menschen nicht zu schwerer Netzhauttoxizität.

Handelsname

- Metalyse® (Boehringer Ingelheim GmbH, DE). Nicht primär zur intravitrealen Anwendung!

Dosis

- 50 µg/0,05 ml

Galenik

- Metalyse® 5000 U (25 mg) Pulver zur Herstellung einer Lösung zur Injektion (*systemisch*).

Zugelassen für intravitreale Therapie?

- Nein. Anwendung intravitreal *„off label"*.

Nebenwirkungen und Komplikationen: (siehe ▶ Tab. 2.1, Seite 114)

- Diese hängen mit der Technik der intravitrealen Anwendung sowie mit den pharmakologischen Eigenschaften des Arzneimittels zusammen (siehe ▶ Tab. 2.1., Seite 114).
- Intravitreale Tenecteplase zeigt ein günstiges Sicherheitsprofil bei Dosen von bis zu 50 µg in Kaninchenaugen. Bei dieser Dosisschwelle bestätigten mehrere Bewertungsmethoden, einschließlich ophthalmoskopischer Untersuchung, ERG und histologischer Analyse, eine normale Netzhautstruktur und -funktion ohne Hinweise auf arzneimittelbedingte Schäden. Diese Sicherheitsgrenze scheint höher zu sein als die für konventionelles tPA festgelegte, bei dem in ähnlichen Versuchsmodellen eine Netzhauttoxizität bei Dosen über 50 µg nachgewiesen wurde.
- Bei 150 µg, ebenfalls bei Kaninchen, zeigte die ophthalmoskopische Untersuchung zwar nichts Auffälliges, die histologische Untersuchung ergab jedoch eine geringfügige Schädigung, die sich auf die innere Körnerschicht beschränkte und insbesondere die an die äußere plexiforme Schicht angrenzenden Zellen betraf. Das ERG zeigte bei dieser Dosis eine vorübergehende Verringerung der

b-Wellen-Amplitude, die sich dann normalisierte, was auf eine vorübergehende Funktionsbeeinträchtigung ohne bleibende Schäden hindeutet.

- Bei einer Konzentration von 200 µg und mehr führt Tenecteplase bei Versuchstieren zu erheblichen Netzhautschäden, die mit verschiedenen Bewertungsmethoden nachgewiesen werden können. Zu den klinischen ophthalmoskopischen Manifestationen bei diesen Konzentrationen gehören Glaskörperfibrose, Bereiche mit Netzhautnekrose und in einigen Fällen eine traktive Amotio retinae. Zu den histologischen Schäden gehören eine veränderte Netzhautarchitektur, postnekrotische Veränderungen der inneren Kernschicht, Atrophie der Photorezeptorzellen und Anomalien der retinalen RPE-Zellen.

Summenformel

$C_{2561}H_{3919}N_{747}O_{781}S_{40}$

Molare Masse

58951,37 g mol^{-1}

Tobramycin

- Antibiotikum aus der Gruppe der Aminoglykoside

Indikationen

- Bakterielle Endophthalmitis *(„off label“)*

- Antibiotikum, das gegen aerobe gramnegative Bakterien, einschließlich *Pseudomonas aeruginosa*, wirkt.
- Es ist strukturell eng mit den Kanamycinen verwandt.
- Die Substanz wird von dem Schimmelpilz *Streptomyces tenebrarius* hergestellt.
- Es hat eine bakterientötende Wirkung durch Hemmung der bakteriellen Proteinbiosynthese.
- Tobramycin bindet an die 30S-Untereinheit der Ribosomen und verhindert so die Initiation.
- Eine Dosis von 500 µg Tobramycin in 0,1 ml bleibt mindestens 96 Stunden lang bakterizid, ohne toxische Auswirkungen auf das intraokulare Gewebe.
- Es hat ein breites Wirkungsspektrum gegen gramnegative Bakterien, einschließlich *Enterobacteriaceae, Escherichia coli, Klebsiella pneumoniae, Morganella morganii, Moraxella lacunata usw.*
- Tobramycin wurde 1975 von der FDA für die *systemische* Anwendung zugelassen.

Dosis

- 200–400 µg/0,1 ml

Zugelassen für intravitreale Therapie?

- Nein. Anwendung intravitreal *„off label“*.

Nebenwirkungen und Komplikationen: (siehe ▶ Tab. 2.1, Seite 114)

- Diese hängen mit der Technik der intravitrealen Anwendung sowie mit den pharmakologischen Eigenschaften des Arzneimittels zusammen (siehe ▶ Tab. 2.1., Seite 114).
- Tobramycin kann wie andere Aminoglykosid-Antibiotika bei intravitrealer Verabreichung in hohen Dosen eine erhebliche Netzhauttoxizität verursachen. Das Toxizitätsprofil von Tobramycin ähnelt dem anderer Aminoglykoside wie Gentamicin, obwohl es im Allgemeinen weniger toxisch zu sein scheint als Gentamicin. Der Schweregrad der Netzhauttoxizität ist dosisabhängig. In Kaninchenversuchen führten Dosen von 500 µg oder weniger zu keinen histologischen oder funktionellen toxischen Reaktionen. Bei Dosen von 750 µg oder mehr traten retinale toxische Reaktionen auf. Der Schwellenwert der Toxizität scheint bei intravitrealem Tobramycin zwischen 500 und 750 µg zu liegen.
- Die Toxizität von intravitrealem Tobramycin wird über mehrere Wege vermittelt: Direkte neurotoxische Wirkungen auf Netzhautzellen, Gefäßschäden, die zu einer Ischämie der Netzhaut führen, Anhäufung lysosomaler Einschlüsse im retinalen Pigmentepithel.
- Obwohl Tobramycin weniger toxisch ist als Gentamicin, birgt es bei intravitrealer Anwendung in hohen Dosen immer noch ein erhebliches Risiko einer Netzhauttoxizität. Bei der Erwägung seines Einsatzes in intraokularen Anwendungen ist eine sorgfältige Abwägung der Dosierung und möglicher alternativer Antibiotika entscheidend.
- Unter den Aminoglykosiden ist Gentamicin am toxischsten für die Retina, gefolgt von Netilmicin und Tobramycin, während Amikacin und Kanamycin weniger toxisch sind.

Chemische Bezeichnung

3-Amino-3-desoxy-α-D-glucopyranosyl-(1→6)-[2,6-diamino-2,3,6-tridesoxy-α-D-ribo-hexopyranosyl-(1→4)]-2-desoxy-D-streptamin

Summenformel

$C_{18}H_{37}N_5O_9$

Molare Masse

467,51 g mol^{-1}

Topotecan

- Zytostatisches Medikament

Indikationen

- Therapie von persistierenden oder rezidivierenden Glaskörpertumorzellen bei Retinoblastomen.

- Topotecan ist ein Pyranoindolizinoquinolin, das als antineoplastisches Mittel eingesetzt wird.
- Inhibitor der DNA-Topoisomerase Typ I.
- Es wird *systemisch* zur Behandlung verschiedener Krebsarten eingesetzt: kleinzelliges Lungenkarzinom, metastasierendes Eierstockkarzinom oder Gebärmutterhalskrebs.
- Es ist ein halbsynthetisches Derivat von Camptothecin, einem pflanzlichen Alkaloid, das aus dem Baum Camptotheca acuminata gewonnen wird.
- Es übt seine zytotoxische Wirkung während der S-Phase der DNA-Synthese aus. Topoisomerase I entlastet die DNA von Torsionsspannungen, indem es reversible Einzelstrangbrüche induziert. Topotecan bindet sich an den Topoisomerase I-DNA-Komplex und verhindert die Religation dieser Einzelstrangbrüche. Dieser ternäre Komplex greift in die sich bewegende Replikationsgabel ein, was zu einem Replikationsstillstand und tödlichen Doppelstrangbrüchen in der DNA führt. Die Bildung dieses ternären Komplexes führt schließlich zur Apoptose der Zelle.
- Topotecan ist ein niedermolekularer Wirkstoff, der 1996 erstmals für die *systemische* Anwendung zugelassen wurde. Es gibt 7 zugelassene Indikationen und 75 Prüfindikationen.
- Für die intravitreale (*„off label"*) Anwendung scheint Topotecan eine sicherere Alternative zu Melphalan für die Behandlung des Retinoblastoms zu sein, da es ein breiteres therapeutisches Fenster aufweist.
- Allerdings wird Topotecan als intravitreale Chemotherapie beim Retinoblastom hauptsächlich in Kombination mit Melphalan eingesetzt, um die therapeutische Wirksamkeit zu erhöhen. Die Verwendung von Topotecan allein ist auf wenige Veröffentlichungen beschränkt.

Dosis

- 30 µg/0,15 ml als intravitreale Injektionen alle 3 Wochen, wobei die Anzahl der Gesamtinjektionen je nach klinischem Ansprechen individuell festgelegt wird

Zugelassen für intravitreale Anwendung?

- Nein. Anwendung intravitreal *„off label"*.

Nebenwirkungen und Komplikationen: (siehe ▶ Tab. 2.1, Seite 114)

Diese hängen mit der Technik der intravitrealen Anwendung sowie mit den pharmakologischen Eigenschaften des Arzneimittels zusammen (siehe ▶ Tab. 2.1., Seite 114)

- Klinische Studien und Tiermodelle zeigen bei den empfohlenen Dosen von 30 µg pro intravitrealer Injektion keine signifikante Netzhauttoxizität.
- Funktionelle und strukturelle Untersuchungen der Retina (einschließlich ERG) sowohl im präklinischen als auch im klinischen Bereich haben keine Toxizität ergeben, wenn das Medikament innerhalb dieser therapeutischen Bandbreite eingesetzt wird.
- In der klinischen Praxis ist das Sicherheitsprofil ausgezeichnet, es gibt keine schwerwiegenden Komplikationen, die direkt auf Topotecan zurückzuführen wären.

Chemische Bezeichnung

(19S)-8-[(dimethylamino)methyl]-19-ethyl-7,19-dihydroxy-17-oxa-3,13-diazapentacyclo[11.8.0.02,11.04,9.015,20]henicosa-1(21),2,4(9),5,7,10,15(20)-heptaene-14,18-dione

Summenformel

$C_{23}H_{23}N_3O_5$

Molare Masse

421,45 g mol^{-1}

Triamcinolonacetonid

- Synthetisches Glukokortikoid

Indikationen

- Chronisches DMÖ.
- CMÖ chronisch bei nicht-infektiöser Uveitis.
- CMÖ chronisch nach ZVV oder VAV.
- Sympathische Ophthalmie.
- Hruby-Irvine-Gass-Syndrom.
- ILM, ERM und Glaskörperfärbung in der vitreoretinalen und Makulachirurgie.
- Triamcinolonacetonid kann alternativ bei Aphakie und zonulären Faserdefekten eingesetzt werden, wenn die Befürchtung besteht, dass das Ozurdex®- oder Iluvien®-Implantat in die Vorderkammer wandert *(„off label")*.

- Medikament, das zur Gruppe der synthetischen Glukokortikoide gehört.
- Es hat antiallergische, entzündungshemmende und immunsuppressive Wirkungen.
- Im Allgemeinen wird Triamcinolonacetonid *zur systemischen* Behandlung von rheumatischen Erkrankungen, allergischen, chronisch-entzündlichen und chronisch-obstruktiven Lungenerkrankungen, glukokortikoidempfindlichen Hauterkrankungen und entzündlichen Nierenerkrankungen eingesetzt.
- Triamcinolonacetonid hat eine höhere Potenz als Hydrocortison und wird als mittelstarkes bis starkes Glukokortikoid eingestuft.
- Triamcinolonacetonid ist hydrophob und wird nur langsam in den Glaskörper abgegeben, was zu seiner lang anhaltenden Wirkung beiträgt.
- Fünfmal stärker als Cortisol. Sehr geringe mineralokortikoide Wirkung.
- Während der Entwicklung der Pars-plana-Vitrektomie setzte Robert Machemer Triamcinolonacetonid zur Behandlung der diabetischen Retinopathie ein und beschrieb als Erster dessen therapeutischen Einsatz in Tierversuchen.
- Kimura und Mitarbeiter verwendeten erstmals Triamcinonolonacetonid, um ein ILM-Peeling durchzuführen.
- Es wird seit 2003 bei der Chromovitrektomie zur Darstellung des Glaskörpers und der Glaskörperrinde sowie zur Erleichterung der Abtrennung des hinteren Hyaloids verwendet.

- Einige der Vorteile von TA gegenüber anderen bei der Chromovitrektomie verwendeten Mitteln sind die geringen Kosten, die fehlende Toxizität und die Tatsache, dass es leichter aus dem Auge zu entfernen ist, da es die Oberfläche beschichtet, ohne am darunter liegenden Gewebe zu haften.

Dosis

- 4 mg/0,1 ml ist eine häufig verwendete intravitreale Dosis für die entzündungshemmende Anwendung
- Zur Visualisierung des Glaskörpers bei der Vitrektomie: 1–4 mg/0,1 ml
- Nach einer Injektion von 4 mg reichten die Spitzenkonzentrationen im Kammerwasser von 2151 bis 7202 ng/ml
- Die mittlere Eliminationshalbwertszeit beträgt etwa 18,7 ± 5,7 Tage bei nicht vitrektomierten Augen

Handelsname

- Triesence® (Harrow, USA) ist ein von der FDA zugelassenes konservierungsmittelfreies TA-Präparat zur intraokularen Anwendung. Es ist in 1-ml-Fläschchen mit einer Konzentration von 40 mg/ml erhältlich. Das Produkt wurde ursprünglich von Novartis entwickelt.
- Trivaris® (AbbVie, Illinois, USA) ist ein konservierungsmittelfreies Gel zur intravitrealen Injektion in einer Einwegspritze mit 8 mg (80 mg/ml).
- Kenalog® (Bristol-Myers Squibb, New York, USA) für den *Off-Label*-Gebrauch. Diese Präsentation enthält Benzylalkohol als Konservierungsmittel in einer Konzentration von 40 mg/ml.
- Volon A® (Dermapharm AG, Grünwald, De), das Benzylalkohol als Konservierungsmittel enthält, wird häufig *„off label"* intravitreal zur Behandlung des diabetischen Makulaödems (DMÖ), der posterioren nicht-infektiösen Uveitis sowie zur Chromovitrektomie eingesetzt.
- Xipere® (Clearside, USA), eine injizierbare Triamcinolonacetonid-Suspension, die in den USA (FDA 2021) zugelassen ist, jedoch speziell für die *suprachoroidale* Anwendung zur Behandlung von Makulaödemen im Zusammenhang mit nicht-infektiöser Uveitis. Es ist nicht für die intravitreale Anwendung zugelassen.

Zugelassen für intravitreale Therapie?

- Ja, Triesence® und Trivaris® sind von der FDA für die *intravitreale* Injektion und Xipere® (FDA 2021) für die *suprachoroidale* Anwendung zugelassen.

Nebenwirkungen und Komplikationen: (siehe ▶ Tab. 2.1, Seite 114)

- Diese hängen mit der Technik der intravitrealen Anwendung sowie mit den pharmakologischen Eigenschaften des Arzneimittels zusammen (siehe ▶ Tab. 2.1., Seite 114).
- Wie bei anderen intravitrealen Kortikosteroiden sind okuläre Hypertension (OHT) und posteriore subkapsuläre Katarakt die häufigsten Folgen.
- Mehrere klinische Studien belegen keine erhöhte Rate an Endophthalmitis oder Kataraktbildung bei der Verwendung von Triamcinolonacetonid während der Pars-plana-Vitrektomie, obwohl Kortikosteroide kataraktogen und immunsuppressiv wirken.

Chemische Bezeichnung

(1*S*,2*S*,4*R*,8*S*,9*S*,11*S*,12*R*,13*S*)-12-fluoro-11-hydroxy-8-(2-hydroxyacetyl)-6,6,9,13-tetramethyl-5,7-dioxapentacyclo[10.8.0.02,9.04,8.013,18]icosa-14,17-dien-16-one

Summenformel

$C_{24}H_{31}FO_6$

Molare Masse

434,5 g mol^{-1}

Trypanblau (TB)

- Vitaler Farbstoff, der in der vitreoretinalen Chirurgie verwendet wird

Indikationen

- ERM- und ILM-Färbung in der vitreoretinalen Chirurgie, insbesondere in der Makulachirurgie.
- Anfärbung der vorderen *Linsenkapsel* bei der Kataraktoperation.
- Anfärbung der Descemet-Membran während der *DMEK*.

- Anionischer Bisazofarbstoff.
- Es wurde erstmals 1904 von Paul Ehrlich (1854–1915) zusammen mit Trypanrot synthetisiert.
- Es wurde erstmals 1909 als Antiprotozoenmittel zur Behandlung von Babesieninfektionen eingesetzt und wird auch heute noch häufig zur Behandlung von *Babesia canis* verwendet.
- Um die Anfärbung der ILM durch TB zu verbessern, sollte es nach dem Flüssigkeits-Gas-Austausch verwendet werden.
- Die Trypanblaufärbung hat sich bei der Anfärbung der ILM während der Makulalochchirurgie als wirksam erwiesen.
- Trypanblau (TB) färbt die ERM gut, die ILM jedoch weniger gut.
- Die TB-Lösung wird nach der Vitrektomie direkt auf die zu färbenden Membranen aufgetragen und nach 30 s bis wenigen Minuten (< 5 Minuten) wieder entfernt.
- In den meisten Studien zeigte Trypanblau keine Anzeichen von Toxizität für RPE oder neuronales Gewebe.
- Eine Exposition von mehr als 5 Minuten sollte vermieden werden, um das Risiko einer Toxizität zu minimieren.
- Eine längere Exposition gegenüber Trypanblau kann zu einer Toxizität für RPE- und Gliazellen der Retina führen.

Dosis

- 0,15 % in der vitreoretinalen Chirurgie
- 0,06 % in der *Camera anterior*

Handelsname

- MembraneBlue® 0;15 % (DORC International): Trypanblau 0,15 % + BBG 0,025 % + 4 %PEG.
- Monoblue NafX® (Arcad Ophta, Toulouse, FR): Trypanblau 0,15 % + Mannitol + Deuteriumoxid. Für ILM- und ERM-Färbung.
- VisionBlue® 0,06 % (DORC International) – Visualisierung der vorderen Kapsel in der Kataraktchirurgie.
- Vioron® 0,06 % (Fluoron, Ulm, DE) – Visualisierung der vorderen Kapsel in der Kataraktchirurgie.
- TWIN® (Alchimia, IT): Trypanblau 0,18 % + Blulife (patentierter Farbstoff mit der Formel: $C_{48}H_{50}N_3NaO_7S_2$ zu 0,03 % für ILM- und ERM-Färbung.

Zugelassen zur Verwendung in der vitreoretinalen Chirurgie?

- Ja, Trypanblau ist seit 2004 von der FDA für die intraokulare Anwendung zugelassen.
- MembraneBlue® zur Entfernung epiretinaler Membranen zugelassen (FDA 2009).
- VisionBlue® ist eine ophthalmische Lösung, die 0,06 % Trypanblau enthält und hauptsächlich zur Anfärbung der vorderen Kapsel bei der Kataraktoperation verwendet wird (FDA 2004). Auch für die Anfärbung der Descemet-Membran bei DMEK und des Trabekelwerks zugelassen.
- Vioron® 0,06 % ist für die Verwendung bei *DMEK* zugelassen.

Nebenwirkungen und Komplikationen: (siehe ▶ Tab. 2.1, Seite 114)

- Diese hängen mit der Technik der intravitrealen Anwendung sowie mit den pharmakologischen Eigenschaften des Arzneimittels zusammen (siehe ▶ Tab. 2.1., Seite 114).
- Es gibt klinische Berichte über toxische Wirkungen auf das retinale Pigmentepithel (RPE) und die Retina, insbesondere nach längerer Exposition (>5 Minuten) oder direktem Kontakt mit dem RPE, was beispielsweise bei der Chirurgie des Makulaforamens auftritt.
- Darüber hinaus wurden nach der Anwendung von MembraneBlue™ 0,1 % folgende Nebenwirkungen gemeldet:
- Dauerhafte Färbung von hydrophilen Intraokularlinsen. Die Funktion der Linse (Brechkraft, Transparenz) bleibt in der Regel erhalten, aber die optische Qualität kann durch die Anfärbung beeinträchtigt werden. Schon geringe Konzentrationen (0,001–0,05 %) können bei hydrophilen Linsen sichtbare Verfärbungen verursachen.
- Unbeabsichtigte Färbung der hinteren Linsenkapsel (in der Regel selbstlimitierend, Dauer bis zu einer Woche).
- Mehrere Studien deuten auf eine gute zentrale Sehschärfe und gute Ergebnisse im peripheren Gesichtsfeld bei der Verwendung von Trypanblau hin.

Chemische Bezeichnung

5-amino-3-[[4-[4-[(8-amino-1-hydroxy-3,6-disulfonaphthalen-2-yl)diazenyl]-3-methylphenyl]-2-methylphenyl]diazenyl]-4-hydroxynaphthalene-2,7-disulfonic acid

Summenformel
$C_{34}H_{24}N_6Na_4O_{14}S_4$

Molare Masse
872,9 g mol^{-1}

V

Vancomycin

- Glykopeptid-Antibiotikum

Indikationen
- Bakterielle Endophthalmitis *(„off label")*

- Ein verzweigtes, trizyklisches, glykosyliertes, nicht-ribosomales, trizyklisches Peptid, das häufig als „Medikament der letzten Wahl" eingestuft wird.
- Die Kombination aus Vancomycin und einem Aminoglykosid wirkt *in vitro* synergistisch gegen viele Stämme von *Staphylococcus aureus*, *Streptococcus bovis*, *Enterokokken* und *Streptococcus viridans*.
- Vancomycin und Ceftazidim sind aufgrund von Ausfällungen beim Mischen mit Spritzen inkompatibel, was bei der Verabreichung von intravitrealen Antibiotika berücksichtigt werden sollte.
- Es wurde erstmals 1953 von Edmund Kornfeld (1919–2012) aus dem Bakterium *Amycolatopsis orientalis* isoliert.
- Antibiotikum aus der Gruppe der Glykopeptide, das zur Behandlung grampositiver bakterieller Infektionen eingesetzt wird.
- Es hat den Status eines Reserveantibiotikums, insbesondere bei der Behandlung schwerer Staphylokokkeninfektionen. Es wurde bereits in den 1950er-Jahren aus Kulturen von *Amycolatopsis orientalis* gewonnen, wurde aber erst 1980 auf als wirksame Alternative gegen multiresistente Staphylokokken eingesetzt.
- Vancomycin ist ein Antibiotikum der dritten Wahl, das eingesetzt wird, wenn andere Mittel aufgrund von Resistenzen nicht mehr wirksam sind.
- Sein Wirkmechanismus besteht in der Hemmung der bakteriellen Zellwandbildung.
- Im Allgemeinen *bakterizid.*
- Antibakterielles Spektrum: Staphylokokken (auch MRSA und *S. epidermidis*), Streptokokken (einschließlich penicillinresistenter Enterokokken und Pneumokokken), *Clostridium difficile*, gute bis mäßige Anfälligkeit für grampositive Anaerobier und *Corynebacterium diphtheriae.*

Dosis
- 1 mg/0,1 ml

Zugelassen für intravitreale Therapie?

- Nein. Anwendung intravitreal *„off label"*.

Nebenwirkungen und Komplikationen: (siehe ▶ Tab. 2.1, Seite 114)

- Diese hängen mit der Technik der intravitrealen Anwendung sowie mit den pharmakologischen Eigenschaften des Arzneimittels zusammen (siehe ▶ Tab. 2.1., Seite 114).
- Experimentelle und klinische Studien haben gezeigt, dass eine einzelne intravitreale Dosis von 1 mg/0,1 ml Vancomycin nicht toxisch für die Retina ist.
- Therapeutische Konzentrationen verbleiben mehr als 72 Stunden im Glaskörper, wobei bei dieser Dosis keine Anzeichen für Netzhautschäden zu erkennen sind.
- Dosen von bis zu 2 mg/0,1 ml Vancomycin sind bei vitrektomierten phaken und aphaken Augen nicht toxisch, wie in einigen klinischen Studien gezeigt wurde.

Chemische Bezeichnung

(1*S*,2*R*,18*R*,19*R*,22*S*,25*R*,28*R*,40*S*)-48-[(2*S*,3*R*,4*S*,5*S*,6*R*)-3-[(2*S*,4*S*,5*S*,6*S*)-4-amino-5-hydroxy-4,6-dimethyloxan-2-yl]oxy-4,5-dihydroxy-6-(hydroxymethyl)oxan-2-yl]oxy-22-(2-amino-2-oxoethyl)-5,15-dichloro-2,18,32,35,37-pentahydroxy-19-[[(2*R*)-4-methyl-2-(methylamino)pentanoyl]amino]-20,23,26,42,44-pentaoxo-7,13-dioxa-21,24,27,41,43-pentazaoctacyclo[$26.14.2.2_{3,6}.2_{14,17}.1_{8,12}.1_{29,33}.0_{10,25}.0_{34,39}$] pentaconta-3,5,8(48),9,11,14,16,29(45),30,32,34(39),35,37,46,49-pentadecaene-40-carboxylic acid

Summenformel

$C_{66}H_{75}Cl_2N_9O_{24}$

Molare Masse

1449,25 g mol^{-1}

Voriconazol

- Antimykotikum

Indikationen

- Mykotische Endophthalmitis *(„off label")*

- Hemmstoff der Ergosterol-Biosynthese. Es gehört zur Klasse der Triazol-Antimykotika.
- Es handelt sich um ein fluoriertes Pyrimidin-Derivat.
- Voriconazol ist ein Derivat von Fluconazol.
- Bevorzugte Indikationen für Voriconazol sind die Behandlung von schweren *systemischen* Mykosen, insbesondere der invasiven Aspergillose, sowie von refraktären Infektionen mit *Scedosporium apiospermum* und *Fusarium spp.* einschließlich *Fusarium solani*.

- Intravitreales Voriconazol wird hauptsächlich als Zusatzbehandlung bei schweren intraokularen Infektionen eingesetzt, die durch empfindliche Pilze verursacht werden, insbesondere bei Pilz-Endophthalmitis (z. B. *Aspergillus, Candida*), wenn andere antimykotische Behandlungen (z. B. Amphotericin B) versagt haben oder ungeeignet sind.
- Wirkmechanismus: Die antimykotische Wirkung beruht auf der Hemmung der Lanosterol-14α-Demethylase, der Biosynthese von Ergosterol und damit auf der Veränderung der Zellwandstruktur.
- Die minimale Hemmkonzentration (MHK) von Voriconazol gegen verschiedene Pilzisolate ist niedriger als die von Amphotericin B und Voriconazol ist Berichten zufolge weniger toxisch für die Retina.
- Die Halbwertszeit von Voriconazol in einem vitrektomierten Auge beträgt jedoch nur etwa 8 Stunden im Vergleich zu >24 Stunden bei Amphotericin B, weshalb Voriconazol häufig intravitreal injiziert werden muss.

Dosis

- 100 µg/0,1 ml

Zugelassen für intravitreale Therapie?

Nein. Anwendung intravitreal *„off label"*.

Handelsname

- Vfend® (Pfizer, USA). Dieses Arzneimittel ist nicht primär für die intraokulare Injektion bestimmt!

Nebenwirkungen und Komplikationen: (siehe ▶ Tab. 2.1, Seite 114)

- Diese hängen mit der Technik der intravitrealen Anwendung sowie mit den pharmakologischen Eigenschaften des Arzneimittels zusammen (siehe ▶ Tab. 2.1., Seite 114).
- Im Gegensatz zu anderen Antimykotika, wie z. B. Amphotericin B, weist Voriconazol ein günstiges Sicherheitsprofil am Auge auf.
- Die optimale intravitreale Dosis von Voriconazol zur Vermeidung von Netzhauttoxizität liegt bei 100 µg/0,1 ml oder weniger, wodurch eine Glaskörperkonzentration von etwa 25 µg/ml erreicht wird, ein Schwellenwert, der sich sowohl in Tier- als auch in Humanstudien als sicher erwiesen hat.
- Experimentelle Rattenmodelle haben gezeigt, dass intravitreale Konzentrationen von Voriconazol bis zu 25 µg/ml keine ERG- oder histologischen Hinweise auf eine Netzhauttoxizität verursachen. Höhere Dosierungen (50 µg/ml und insbesondere 500 µg/ml) wurden mit fokalen Netzhautnekrosen und Photorezeptordegenerationen in Verbindung gebracht.
- Klinische Studien haben gezeigt, dass intravitreale Dosen von 50–100 µg/0,1 ml beim Menschen (entsprechend Glaskörperendkonzentrationen nahe oder unter 25 µg/ml) nicht mit Netzhauttoxizität in Verbindung gebracht wurden.

Chemische Bezeichnung

(*2R,3S*)-2-(2,4-Difluorphenyl)-3-(5-fluor-4-pyrimidinyl)-1-(1H-1,2,4-triazol-1-yl)-2-butanol

Summenformel

$C_{16}H_{14}F_3N_5O$

Molare Masse

349,31 g mol^{-1}

Voretigen-Neparvovec-rzyl

- Gentherapie mit adeno-assoziierten Viren (AAV-Vektoren).

Indikationen

- Therapie von Netzhautdystrophien bei Patienten mit bestätigter biallelischer Mutation des RPE65-Gens.

- Erste von der FDA zugelassene *subretinale* Gentherapie für eine genetische Erkrankung zur Behandlung von Patienten mit bestätigter biallelischer Mutation des RPE65-Gens. Eine einzige Injektion von Luxturna liefert ein funktionelles Gen, das anstelle des mutierten RPE65-Gens wirkt. Darüber hinaus hat sich gezeigt, dass das neue Protein einen funktionell aktiven Sehzyklus wiederherstellt.
- Die Wirksamkeit der Gentherapie mit adeno-assoziierten viralen Vektoren kann von mehreren Faktoren abhängen, unter anderem von der chirurgischen Einbringung in den *subretinalen* Raum. Eines der Ziele dieses heiklen Verfahrens ist es, das Trauma der Netzhaut zu minimieren und gleichzeitig die virale Transduktion der Zellen zu maximieren.
- Die Injektion erfolgt mit einer stumpfen 41-Gauge-Kanüle mit subretinaler Spitze, die an den Anschluss für die Kontrolle der viskosen Flüssigkeit des Vitrektomiesystems angeschlossen ist.
- Voretigen-Neparvovec wird für Säuglinge (unter 1 Jahr) nicht empfohlen, da es nach der Verabreichung zu einer Verdünnung oder einem Verlust des Arzneimittels kommen kann, da die Proliferation der Netzhautzellen in diesem Alter aktiv ist.
- Diese Gentherapie wurde von Spark Therapeutics und dem Children's Hospital of Philadelphia (USA) entwickelt.

Handelsname

- Luxturna™ (Novartis, CH)

Dosis

- *Subretinale* Injektion:
  - 1,5 × 1011 Vektorgenome (vg) durch subretinale Injektion in einem Gesamtvolumen von 0,3 ml
  - Die Injektion in jedes Auge sollte an verschiedenen Tagen in kurzem Abstand erfolgen, jedoch sollten mindestens 6 Tage zwischen den Injektionen liegen
  - Orale systemische Kortikosteroide (z. B. Prednison 1 mg/kg/Tag, maximal 40 mg/Tag) werden für 7 Tage empfohlen, beginnend 3 Tage vor der ersten Verabreichung, gefolgt von einer schrittweisen Reduzierung über die nächsten 10 Tage

Zugelassen für intravitreale Anwendung?

- Luxturna™ erhielt am 19. Dezember 2017 die FDA-Zulassung in den USA.
- Seit dem 23. November 2018 ist Luxturna™ auch in der EU zugelassen.

Nebenwirkungen und Komplikationen: (siehe ▶ Tab. 2.1, Seite 114)

Dies betrifft diejenigen Nebenwirkungen, die mit der Technik der *subretinalen* Applikation und den pharmakologischen Eigenschaften des Arzneimittels zusammenhängen.

Molare Masse

60947,08 Da

Systematische Übersichtstabellen

Inhaltsverzeichnis

A. Bergua, *Intravitreale Medikamente*, https://doi.org/10.1007/978-3-662-70782-1_2

Intravitreale Medikamente nach chemischen Eigenschaften

Chemische Gruppe	Medikamente
Antibiotika	- Amikacin - Cefazolin - Ceftazidim - Clindamycin - Linezolid - Moxifloxacin - Vancomycin - Tobramycin
Antivirale Präparate	- Cidofovir - Foscarnet - Ganciclovir
Anti-VEGF	- Aflibercept - Bevacizumab - Brolucizumab - Conbercept - Faricimab - Pegaptanib - Ranibizumab
Zytostatika	- Melphalan - Methotrexat - Rituximab - Topotecan
Kortisonpräparate	- Dexamethason - Fluocinolonacetonid - Triamcinolonacetonid
Nicht-kortisonhaltige entzündungshemmende Medikamente	- Methotrexat - Sirolimus
Antimikotika	- Amphotericin B - Caspofungin - Voriconazol
Standard-Silikonöle	- Silikonöl 1000 - Silikonöl 2000 - Silikonöl 5000
Schwere Silikonöle	- Densiron® 68 - Densiron® XTRA - Oxane® HD
Gasförmige Tamponade	- Schwefelhexafluorid (SF_6) - Hexafluorethan (C_2F_6) - Perfluorpropan (C_3F_8)
Intravitreale schwere Flüssigkeiten	- Perfluoroctan (C_8F_{18}) - Perfluordecalin ($C_{10}F_{18}$)

Chemische Gruppe	Medikamente
Vitale Farbstoffe	- Brillantblau - Bromphenolblau - Indocyaningrün - Infracyaningrün - Lutein - Trypanblau
Komplement-Inhibitoren	- Avacincaptad Pegol - Pegcetacoplan
Gentherapie	- Revakinagene Taroretcel-Iwey - Voretigen-Neparvovec-rzyl
Enzymatische, proteolytische Medikamente	- Ocriplasmin
Fibrinolytika	- Alteplase - Tenecteplase

Intravitreale Medikamente nach Indikationen

Anzeige	Medikamente
nAMD	- Aflibercept - Bevacizumab - Brolucizumab - Conbercept - Faricimab - Pegaptanib - Ranibizumab
Geografische Atrophie bei AMD	- Avacincaptad Pegol - Pegcetacoplan
MacTel Typ 2	- Revakinagene Taroret-cel-Iwey
Makulaödem als Folge eines Verschlusses der Zentralvene oder eines Venenastes (VAV, VZZ)	- Aflibercept - Bevacizumab - Dexamethason - Faricimab - Ranibizumab - Triamcinolonacetonid
Diabetisches Makulaödem (DMÖ)	- Aflibercept - Fluocinolonacetonid - Bevacizumab - Brolucizumab - Conbercept - Dexamethason - Faricimab - Ranibizumab - Triamcinolonacetonid

Anzeige	Medikamente
Subfoveale und juxtafoveale choroidale Neovaskularisation bei pathologischer Myopie (pmMNV)	- Aflibercept - Bevacizumab - Conbercept - Ranibizumab
Frühgeborenen-Retinopathie	- Aflibercept - Bevacizumab - Ranibizumab
Bakterielle Endophthalmitis	- Amikacin - Cefazolin - Ceftazidim - Clindamycin - Linezolid - Moxifloxacin - Tobramycin - Vancomycin
Retinochoroiditis toxoplasmotica	- Clindamycin
Mykotische Endophthalimitis / Retinitis	- Amphotericin B - Caspofungin - Voriconazol
Virale Retinitis	- Cidofovir - Foscarnet - Ganciclovir
Chronisches zystoides Makulaödem (CMÖ) bei posteriorer Uveitis	- Fluocinolonacetonid - Triamcinolonacetonid - Dexamethason - Sirolimus
Langfristige Tamponade	- Silikonöl 1000 - Silikonöl 2000 - Silikonöl 5000
Gasförmige Tamponade	- Schwefelhexafluorid (SF_6) - Hexafluorethan (C_2F_6) - Perfluorpropan (C_3F_8)
Schwere Flüssigkeiten / intraoperative Tamponaden	- Perfluoroctan (C_8F_{18}) - Perfluordecalin ($C_{10}F_{18}$)
Therapie von vitreoretinalen Tumoren	- Melphalan - Methotrexat - Rituximab - Topotecan
Anfärbung des Glaskörpers und / oder epiretinaler Strukturen (ILM, ERM)	- Brillantblau - Bromphenolblau - Indocyaningrün - Infracyaningrün - Lutein - Triamcinolonacetonid - Trypanblau

Anzeige	Medikamente
Reinigungsflüssigkeiten von Silikonöl	- Perfluorbutylpentan (F4H5)
Gentherapien	- Revakinagene Taroretcel-Iwey - Voretigen-Neparvovec-rzyl
Fibrinolytika	- Alteplase - Tenecteplase

Intravitreale Arzneimittelkonzentrationen

Medikamente	Konzentration
A	
Aflibercept (Eylea® und Biosimilars)	2 mg/0,05 ml
Aflibercept (Eylea 8 mg®)	8 mg/0,07 ml
Alteplase (Actilyse®)	25 µg/0,1 ml
Amikacin	400 µg/0,1 ml
Amphotericin B	5 µg–10 µg/0,1 ml
Avacincaptad Pegol (Izervay™)	2 mg/0,1 ml
B	
Bevacizumab (Lytenava®) – Biosimilars	1,25 mg/0,05 ml
Brillantblau	0,025 %
Brolucizumab (Beovu®)	6 mg/0,05 ml
Bromphenolblau	0,13 %
C	
Caspofungin	50–250 µg/0,1 ml
Cefazolin	2,25 mg/0,1 ml
Ceftazidim	2 mg/0,1 ml
Cidofovir	10–20 µg
Clindamycin	1 mg/0,1 ml
Conbercept (Lumitin®)	0,5 mg/0,05 ml

Medikamente	Konzentration
D	
Dexamethason (Ozurdex®)	0,7-mg-Implantat
F	
Faricimab (Vabysmo®)	6,0 mg/0,05 ml
Fluocinolononacetonid	- Iluvien® : 190 µg/Implantat - Retisert®: 0,59 mg/Implantat - Yutiq®: 180 µg/Implantat
Fomivirsen	330 µg
Foscarnet	2,4 mg/0,1 ml
G	
Ganciclovir	2 mg/0,04 ml
H	
Hexafluorethan (C_2F_6)	16 %
I	
Indocyaningrün	0,025–0,05 %.
Infracyaningrün	0,05 %
L	
Linezolid	200 µg/0,1 ml
Lutein	1,8–2 %
M	
Melphalan	20 µg/0,10 ml – 30 µg/0,15 ml
Methotrexat	400 µg/0,1 ml
Moxifloxacin	160 µg/0,1 ml
O	
Ocriplasmin (Jetrea®)	0,125 mg/0,1 ml
P	
Perfluorbutylpentan (F_4H_5)	
Perfluoroctan (C_8F_{18})	
Perfluordecalin ($C_{10}F_{18}$)	
Perfluorpropan (C_3F_8)	- 12–14 % intravitreal - 10 % in der Vorderkammer
Pegaptanib (Macugen®)	0,3 mg/0,09 ml
Pegcetacoplan (Syfovre®)	15 mg/0,1 ml

Medikamente	Konzentration
R	
Ranibizumab (Lucentis® und Biosimilars) **Ranibizumab** (Susvimo®)	- 0,5 mg/0,05 ml - 2 mg (0,02 ml einer 100-mg/ml-Lösung) kontinuierlich über das Implantat verabreicht - Nachfüllung alle 24 Wochen.
Revakinagene Taroretcel-Iwey (Encelto™)	200.000–440.000 allogenes RPE
Rituximab	1 mg/0,1 ml
S	
Silikonöl	1000 cSt, 2000 cSt, 5000 cSt
Sirolimus	440 µg
Schwefelhexafluorid (SF_6)	- 20 % intravitreal - 10 % in der Voderkammer
T	
Tenecteplase (Metalyse®)	50 µg/0,0,5 ml
Tobramycin	200–400 µg/0,1 ml
Topotecan	30 µg/0,15 ml
Triamcinolonacetonid	- 4 mg/ml
Trypanblau	- 0,15 % intravitreal - 0,06 % in der Voderkammer
V	
Vancomycin	1 mg/0,1 ml
Voriconazol	100 µg/0,1 ml
Voretigen-Neparvovec-rzyl (Luxturna™)	1,5 × 10^{11}vg/0,3 ml

Intravitreale Medikamente in der Entwicklung

Anti-VEGF (Biosimilars)

Aflibercept-Biosimilars

Name des Biosimilars	*Hersteller*	*Bemerkungen*
OT-702	Ocumension Therapeutics/ Shandong Boan Biological Technology (China)	*Phase III* abgeschlossen
SCD411	Sam Chun Dang Pharmaceutical, Südkorea	*Phase-III*-Studie aktiv; abgeschlossen

SOK583A19	Hexal/Sandoz (CH)	*Phase III:* MYLIGHT
Bevacizumab-Biosimilars		
AK-3008	Anhui Anke Biotechnology (Group) Co., Ltd. China	Nicht für ophthalmologische Zwecke
BE1040V	AryoGen Pharmed (Iran)	*Phase III:* abgeschlossen Nicht für ophthalmologische Zwecke
HLX04-O	Shanghai Henlius Biotech/ Essex Bio-Technology	*Klinische Phase-I/II*-Studie für nAMD in China abgeschlossen Laufende klinische Phase-III-Studien in mehreren Ländern, darunter: USA, China, EU, Australien
MIL-60	Beijing Mabworks Biotech und Betta Pharmaceuticals	Nicht zur ophthalmischen Anwendung
TAB014	Tot Biopharm Co, Ltd./Lee's Pharmaceutical Holdings Ltd.	*Phase III:* nAMD
Ranibizumab-Biosimilars		
Biosimilar	***Hersteller***	***Bemerkungen***
ALT-L9	Alteogen, Südkorea	Antrag auf Marktzulassung (MAA) bei der EMA am 1. Juli 2024 eingereicht
BCD100	BIOCND, Südkorea; Qilu Pharmaceuticals, China	*Phase III* aktiv; Rekrutierung
CHS-201	Coherus/Formycon	*Phase III:* COLUMBUS-AMD
CHS3551	Coherus Biosciences, Redwood City, California, USA	*Präklinisch*
CKD-701	Chong Kun Dang Pharmaceuticals Corp., Südkorea	*Phase III*
KSI-301	Kodiak Sciences, Palo Alto, California, USA	Antikörper-Biopolymer-Konjugat (ABC) *Phase III*
PD807	Polus Biopharm, Südkorea	
PF582	Pfenex/Ligand Pharmaceuticals	Pelican Expression Technology, jetzt bekannt als Primrose Bio, ist an der Entwicklung von PF582 beteiligt *Phase I/II* abgeschlossen
SB-11	(Biocon/Samsung Bioepis, USA; Südkorea)	*Phase III*

SBS7001	Siam Bioscience, Bangkok, Thailand	
SJP-0133/GBS-007	Senju Pharmaceutical/Kidswell Bio, Japan	*Phase III*

Andere Anti-VEGF-Mechanismen

Wirkstoff	*Hersteller*	*Bemerkungen*
ABP-201 *Präklinisch:* nAMD, DMÖ	Abpro Corporation, Woburn, Massachusetts, USA	Ein tetravalenter Antikörper mit zwei Zielstrukturen, der gleichzeitig gegen VEGF und Angiopoietin-2 (Ang2) wirkt.
ASKG-712/ AM712 *Phase I:* nAMD, DMÖ	AskGene Pharma/AffaMed	Zielt sowohl auf VEGF als auch auf Ang2
BI 836880 *Phase I/IIa:* nAMD	Boehringer Ingelheim, DE	Humanisierter bispezifischer Nanoantikörper mit zwei einzigartigen variablen Domänen, die an alle VEGF-Spleißvarianten (VEGF-165, VEGF-121 und VEGF-189) und Ang2 binden und die Bindung von VEGFR-2 und Tie2 hemmen. Außerdem enthält es ein zusätzliches Albumin-Modul, das die Halbwertszeit in vivo verlängert
IBI333 *Phase I:* nAMD	Innovent Biologics, China	Rekombinantes bispezifisches rekombinantes Anti-VEGF-A- und -VEGF-C-Fusionsprotein. Es besteht aus drei Teilen: einer Peptiddomäne, die vom VEGF-Rezeptor abgeleitet ist, einer funktionellen Fc-Region des menschlichen IgG1 und einem Anti-VEGF-C-Antikörper mit einer Domäne
IGT-427 *Präklinische Phase*	Ingenia Therapeutics/Mosaic Biosciences	Hemmt gleichzeitig den VEGF-Signalweg und aktiviert den Tie2-Signalweg Bindet an menschliches Tie2 mit Kd < 1 nM und an menschliches VEGF mit Kd < 10 pM Stärkere und länger anhaltende Tie2-Aktivierung als Ang2-Hemmung

Wirkstoff	*Hersteller*	*Bemerkungen*
KSI-101 *Phase Ib*: APEX: DMÖ, CMÖ bei Uveitis *Phase IIb/III:* PEACK/ PINNACLE: CMÖ bei Uveitis	Kodiak Sciences, Palo Alto, California, USA	Es zielt sowohl auf VEGF als auch auf IL-6 ab
KSI-501 *Phase III:* DAYBREAK: nAMD	Kodiak Sciences, Palo Alto, California, USA	Zielt sowohl auf VEGF als auch auf IL-6 Konjugiert mit einem hochmolekularen Biopolymer auf der Basis von Phosphorylcholin
RO-101 *Präklinisch*	RevOpsis Therapeutics, Springfield, USA	Erstes TriMod-Biologikum seiner Art: Bindet an VEGF-A, VEGF-C und Ang2
RO-104/Provalent *Präklinisch*	RevOpsis Therapeutics, Springfield, USA	Erstes vollständig humanes trispezifisches modulares Biologikum, das auf die drei klinisch validierten dominanten angiogenen Signalwege (VEGF-A, VEGF-C, Ang2) abzielt, die in das Fortschreiten von Gefäßerkrankungen der Netzhaut, einschließlich nAMD, involviert sind RO-104 hat eine hohe Affinität zu seinen Zielen gezeigt: VEGF-A: EC50 von 17,6 pM VEGF-C: EC50 von 92,9 pM Ang2: EC50 von 26,5 pM
Tarcocimab *tedromer* *Phase III:* DAYLIGHT-Studie: nAMD GLEAM- und GLIMMER-Studien: diabetisches Makulaödem (DMÖ) GLOW2-Studie: diabetische Retinopathie	Kodiak Sciences, Palo Alto, California, USA	Es verwendet die patentierte biopolymere Antikörperkonjugat-Plattform (ABC) von Kodiak, die die Fähigkeit des Medikaments verbessert, wirksame Wirkstoffspiegel im Augengewebe über einen längeren Zeitraum aufrechtzuerhalten
Zifibancimig *Phase I, II:* nAMD	Roche, CH	Bispezifisches Fab-Molekül, das sowohl auf VEGF als auch auf Angiopoietin 2 (Ang2) abzielt

Hemmung der Tyrosinkinase (TKI)

Wirkstoff	*Hersteller*	*Bemerkungen*
CLS-AX/Axitinib *Phase IIb:* ODYSSEY: nAMD	Clearside Biomedical, Alpharetta, Georgia, USA	- Die Suspension wird über den SCS-Mikroinjektor von Clearside verabreicht, um Axitinib in den *suprachoroidalen* Raum (SCS) zu bringen - Dieser Tyrosinkinase-Inhibitor (TKI) blockiert die Rezeptoren für VEGF-1, -2 und -3 mit hoher Wirksamkeit und Spezifität
EYP-1901/Vorolanib nAMD: - *Phase I:* DAVIO: Sicherheit und Verträglichkeit erwiesen sich als günstig. Es wurden keine dosislimitierenden Toxizitäten oder schwerwiegenden unerwünschten Ereignisse gemeldet - *Phase II:* DAVIO 2: Vorolanib wurde gut vertragen, es traten keine schwerwiegenden okulären oder systemischen Nebenwirkungen auf. Bei den meisten Patienten blieb die Krankheit ohne zusätzliche Anti-VEGF-Therapie für sechs Monate oder länger unter Kontrolle - *Phase III:* Die Studien LUGANO und LUCIA zielen darauf ab, die Wirksamkeit und Sicherheit von Vorolanib in größeren Patientengruppen zu bestätigen *DMÖ:* - *Phase II:* VERONA: Zwischenergebnisse nach sechs Monaten zeigten frühe und anhaltende Verbesserungen der BCVA und CRT mit der 2,7-mg-Dosis von Vorolanib	EyePoint Pharmaceuticals, Watertown, Massachusetts, USA	- Intravitrealer injizierbarer Einsatz mit Vorolanib, einem selektiven Tyrosinkinase-Inhibitor (TKI), der als Pan-VEGF-Rezeptorblocker wirkt. Die Verabreichungsplattform, Durasert E, ist vollständig bioerodierbar - Vorolanib hemmt mehrere RTKs, darunter VEGFR, PDGFR und FGFR, zeigt aber nur eine geringe Affinität zum Tie2-Rezeptor

Wirkstoff	*Hersteller*	*Bemerkungen*
GB-102/Sunitinib *Phase I/IIa:* ADAGIO: nAMD *Phase IIb:* ALTISSIMO: nAMD	Graybug Vision, Redwood City, California, USA	- Zweimal jährlich intravitreale Verabreichung zur Therapie von nAMD - Es zielt in erster Linie auf einen neovaskulären Signalweg (VEGF-A) ab, indem es eine anhaltende und lang anhaltende Dosis Sunitinib, einen Pan-VEGF-Inhibitor, verabreicht: Es blockiert zusätzlich zu VEGF-A auch VEGF-B, C und D. Darüber hinaus ist GB-102 ein potenter Tyrosinkinase-Hemmer multipler niedermolekularer Rezeptoren Sunitinib-Malat oder Sunitinib, formuliert in firmeneigenen Mikropartikeln, die alle sechs Monate intravitreal verabreicht werden sollen - Der Wirkmechanismus von Sunitinib besteht in der Hemmung von Rezeptor-Tyrosinkinasen, insbesondere der VEGF-Rezeptoren 1, 2 und 3, wodurch die gesamte VEGF-Signalübertragung, einschließlich VEGF-A, -B, -C und -D sowie des plazentaren Wachstumsfaktors (PDGFR), blockiert wird - Darüber hinaus ist Sunitinib ein dualer Leucin-Zipper-Kinase (DLK)-Inhibitor, der möglicherweise eine neuroprotektive Wirkung hat
KPI-014 *Präklinische Phase*	Kala Pharmaceuticals, Arlington, Massachusetts, USA	Sekretome haben eine neuroprotektive Wirkung sowohl in vitro als auch in vivo in Modellen von Netzhauterkrankungen (Retinitis pigmentosa, M. Stargardt) gezeigt
OTX-TKI/Axitinib/Axpaxli™ *Phase I:* HELIOS: Nicht-proliferative diabetische Retinopathie *Phase III:* SOL-1: nAMD	Ocular Therapeutix, Bedford, Massachusetts, USA	- Bioabsorbierbares Hydrogel-Implantat (ELUTYX™), das Axitinib, einen niedermolekularen Tyrosinkinase-Inhibitor mit antiangiogenen Eigenschaften, enthält - Es wird in etwa 8 bis 9 Monaten bioresorbiert - Sie hemmen selektiv die VEGF- und PDGF-Rezeptoren aber nicht Tie2

Wirkstoff	*Hersteller*	*Bemerkungen*
X-82/Sunitinib *Phase II:* APEX: nAMD	Tyrogenex, USA	Sunitinib ist ein multizentrischer RTK-Inhibitor, der auf VEGFR2 (Flk-1) und PDGFRβ mit einer IC50 von 80 nM und 2 nM abzielt und auch c-Kit hemmt. Sunitinib ist auch ein dosisabhängiger Inhibitor der IRE1α-Autophosphorylierungsaktivität. Sunitinib induziert Autophagie und Apoptose

Integrin-Wege

Wirkstoff	*Hersteller*	*Bemerkungen*
AG-73305 *Phase IIa*: DMÖ	Allgenesis Biotherapeutics, Taiwan	Erstes biospezifisches Molekül, das gleichzeitig VEGF und Integrine bindet, zur Behandlung des diabetischen Makulaödems (DMÖ), der MNV bei nAMD und anderer Netzhauterkrankungen wie des retinalen Venenverschlusses (VAV, ZVV).
AXT107 (Gersizangitide) *Phase I/IIa*: nAMD, DMÖ	AsclepiX Therapeutics, Bethesda, Maryland, USA	- Ein 20-gliedriges synthetisches Peptid, das von nicht-kollagenen Sequenzen des Kollagen-IV-Proteins abgeleitet ist - Hemmt den proangiogenen vaskulären endothelialen Wachstumsfaktor-Rezeptor 2 (VEGFR2) und aktiviert die vaskuläre Endothelzellen stabilisierende Rezeptor-Tyrosinkinase (Tie2). Beide Wirkmechanismen werden durch die Interaktion von AXT107 und die Veränderung der VEGF-Korezeptoren, Integrin αvβ3 und Integrin α5β1, vermittelt. AXT107 baut sich nach intravitrealer Injektion selbst zu einem gelartigen Depot zusammen, das unter der Sehachse liegt und den Wirkstoff über Monate hinweg allmählich freisetzt. Dadurch kann AXT107 möglicherweise nur einmal pro Jahr oder sogar noch seltener verabreicht werden
Risuteganib *Phase Ib/IIa:* DMÖ *Phase II:* Vergleich von Risuteganib mit Bevacizumab bei der Behandlung von DMÖ *Phase IIb/III:* Intermediäre trockene AMD (hat die Zustimmung der FDA im Rahmen einer speziellen Protokollbewertung (SPA) für das Studiendesign erhalten)	Allegro Ophthalmics/Senju Pharma	- Arginin-Glycin-Aspartat-Oligopeptid (RGD). Es wirkt durch Hemmung spezifischer Integrin-Heterodimere (αVβ3, αVβ5, α5β1 und αMβ2), die an Angiogenese, Entzündung und Gefäßpermeabilität der Netzhaut beteiligt sind. - Die wichtigsten Mechanismen sind: Regulierung der mitochondrialen Dysfunktion, geringere Reaktion auf oxidativen Stress, Wiederherstellung der retinalen Homöostase

Gentherapie

Wirkstoff	*Hersteller*	*Bemerkungen*
AAV.sFH *Präklinisch*	Aevitas Therapeutics, New York, USA	- Gentherapie mit adeno-assoziierten Viren (AAV) unter Verwendung der Kurzform des menschlichen Faktors H (sFH) bei komplementvermittelten Krankheiten, z. B. GA bei AMD
ABBV-RGX-314 *Phase II:* ALTITUDETM: RD *Phase II:* AAVIATE®: nAMD *Phase III:* ATMOSPHERE und ASCENT: nAMD	RegenxBio/Abbvie	- Adeno-assoziierter Virus Serotyp 8 (AAV8) Vektor, der ein Anti-VEGF-A-Antigen-bindendes Fragment exprimiert, das das Potenzial für eine kontinuierliche Unterdrückung von VEGF-A nach einer einzigen *subretinalen* oder *suprachoroidalen* Injektion bei Patienten mit nAMD oder DR bietet
Botaretigene sparoparvovec (bota-vec)/AAV-RPGR *Phase III:* LUMEOS Fast-Track- und Orphan-Drug-Zertifizierung durch die FDA und PRIority MEdicines (PRIME), Advanced Therapy Medicinal Product (ATMP) und Orphan-Zertifizierung durch die EMA	Janssen Pharmaceutical Companies/MeiraGTx Holdings plc	- Für die Behandlung von Patienten mit X-gebundener Retinitis pigmentosa (XLRP), die durch krankheitsverursachende Varianten in der augenspezifischen Form des RPGR-Gens verursacht wird - Nach einmaliger *subretinaler* Verabreichung soll bota-vec funktionelle Kopien des RPGR-Gens liefern, um dem Verlust von Netzhautzellen entgegenzuwirken
BS01 *Phase I/II:* Patienten mit fortgeschrittener RP RMAT-Zulassung: Im Februar 2025 erteilte die FDA BS01 den Status „Regenerative Medicine Advanced Therapy“ (RMAT)	Bionic Sight, New York, USA	- Optogenetische Gentherapie zur Behandlung von fortgeschrittener RP - Innovative Kombination aus Gentherapie und einem neuronalen Codierungsgerät - BS01 verwendet einen adeno-assoziierten Virus (AAV)-Vektor, um ein Gen, das für ein verbessertes lichtempfindliches Channelrhodopsin-Protein (ChronosFP Opsin) kodiert, in die Ganglienzellen der Retina zu transportieren, die auch nach dem Verlust der Photorezeptoren bei RP überleben - *Gerätekomponente:* Die Patienten tragen ein brillenähnliches Gerät, das visuelle Informationen verarbeitet und diese in Form von Nervenimpulsen, die den natürlichen Netzhautcode nachahmen, an die modifizierten Ganglienzellen weiterleitet. Dadurch soll das Gehirn die Signale als sinnvolle Seheindrücke interpretieren können

Wirkstoff	*Hersteller*	*Bemerkungen*
EXG-102-031 *Phase I:* nAMD	Exegenese Bio, USA	- Es verwendet einen rekombinanten adeno-assoziierten Virus (rAAV)-Vektor, um ein Fusionsprotein zu liefern, das an alle bekannten Subtypen des vaskulären endothelialen Wachstumsfaktors (VEGF) und Angiopoietin-2 (Ang2) bindet - Dosen von 1×1081×108 bis 7×1097×109 viralen Genomen pro Auge zeigten eine dosisabhängige Wirkung
GS030 *Phase I/II:* Klinische Studie PIONEER: Bewertung der Sicherheit und vorläufigen Wirksamkeit bei 9 Patienten mit RP im Endstadium, mit einer Nachbeobachtungszeit von bis zu 4 Jahren für einige Teilnehmer	GenSight Biologics, Paris, FR	- Experimentelle Optogenetische Therapie zur Behandlung von RP - Verwendet einen adeno-assoziierten Virusvektor (AAV2), um das Gen, das ChrimsonR-tdT, ein lichtempfindliches Protein, kodiert, über eine einzige intravitreale Injektion in die Ganglienzellen der Netzhaut zu übertragen - Da ChrimsonR-tdT durch hochintensives gelbes Licht aktiviert wird, müssen die Patienten speziell entwickelte lichtstimulierende Schutzbrillen tragen. Diese Brillen erfassen die visuelle Umgebung, verarbeiten sie in Echtzeit und projizieren Licht mit der entsprechenden Wellenlänge und Intensität auf die behandelte Retina, wodurch eine visuelle Wahrnehmung ermöglicht wird
HMR59 *Phase I*	Janssen Pharmaceuticals, Pharmaceutica NV, Beerse, Belgien	- MAC-Inhibitor-Gentherapie - Es verwendet einen AAV2-Vektor zur Expression einer löslichen Form von CD59 (sCD59), die durch Blockierung des Membranangriffskomplexes (MAC) in der Komplementkaskade wirkt. Diese trägt dazu bei, Schäden an Netzhautzellen zu verhindern, die durch eine Überaktivität des Komplementsystems verursacht werden, was ein Schlüsselfaktor für das Fortschreiten der GA ist - HMR59, auch bekannt als AAV-CAGsCD59, ist für die Verabreichung als Einzeldosis-Therapie konzipiert, d. h. die Patienten erhalten eine einzige intravitreale Injektion. Dieser Ansatz zielt darauf ab, die sCD59-Produktion und damit den Schutz der Netzhaut über einen längeren Zeitraum zu beeinflussen
Ixo-vec/ADVM-022	Adverum Biotechnologies, Redwood City, Kalifornien, USA	ADVM-022 oder AAV.7 m8-Aflibercept ist ein rekombinanter Gentherapievektor mit replikationsdefizientem adeno-assoziiertem Virus (AAV.7 m8), der eine kodierende Sequenz für Aflibercept trägt.

Wirkstoff	*Hersteller*	*Bemerkungen*
JNJ-81201887/JNJ-1887 *Phase IIb:* PARASOL: GA bei Patienten > 60 Jahre - DFDA Fast Track Designation - Advanced Therapy Medicinal Product (ATMP) Designation durch die EMA	Janssen Pharmaceutica NV, Beerse, Belgien	- Einmalige intravitreale Anwendung der Gentherapie zur Behandlung von GA Die Therapie zielt darauf ab, die Expression einer löslichen Form von CD59 (sCD59) zu erhöhen, ein Protein, das die Bildung des Membranangriffskomplexes (MAC) hemmt, der an der Schädigung von Netzhautzellen beteiligt ist
KRIYA-825 Mai 2025: *Klinische Phase I/II*: Patienten mit GA	Kriya Therapeutics, Paolo ALto, California, USA	- Behandlung von GA Adeno-assoziiertes-Virus(AAV)-basierte Gentherapie, die ein Komplement CR2-CR1 Fusionsprotein exprimiert. Das CR2-CR1-Fusionsprotein ist so konzipiert, dass es die Aktivität der Komplementkomponenten C3 und C5 hemmt. - Es ist als einmalige Behandlung konzipiert, die durch *suprachoroidale* Injektion verabreicht wird
MCO-010 *Phase IIb/III:* - Restore-Studie: RP. - Starlight-Studie: M. Stargardt Orphan Drug and Fast Track (FDA)	Nanoscope Therapeutics, Dallas, Texas, USA	- Die optogenetische Gentherapie wurde für die Behandlung von erblichen Netzhautdegenerationserkrankungen, vor allem RP und M. Stargardt, entwickelt - MCO-010 ist mutationsunabhängig - Die Verabreichung erfolgt durch eine einzige intravitreale Injektion
OCU410 *Phase I/II:* ArMaDa: GA bei AMD März 2025: Einstufung durch die EMA als Advanced Therapy Medicinal Product (ATMP)	Ocugen, Inc., Malvern, Pennsylvania, USA	- Es verwendet eine AAV5-Plattform, um das RORA-Gen (RAR-related orphan receptor A) über die *subretinale* Route zu verabreichen - Das RORA-Protein spielt eine Rolle im Lipidstoffwechsel, reduziert Lipofuszinablagerungen und oxidativen Stress und hat *in vitro* und *in vivo* entzündungshemmende Eigenschaften
PPY988/GT005 *Phase II:* EXPLORE, HORIZON: GA	Gyroscope Therapeutics/ Novartis	- Gentherapie des Komplementfaktors I zur Behandlung von GA im Zusammenhang mit altersbedingter Makuladegeneration (AMD) -Verwendet einen adeno-assoziierten viralen Vektor (AAV2), um die Expression des Komplementfaktors I (CFI) zu induzieren und den CFI-Gehalt im Glaskörper zu erhöhen, was dazu beiträgt, die mit einer übermäßigen Komplementaktivierung verbundenen Entzündungen und Zellschäden zu verringern. - GT005 wird als einzelne *subretinale* Injektion verabreicht

Wirkstoff	*Hersteller*	*Bemerkungen*
RST-001 *Phase I/II* Orphan Drug and Fast Track (FDA)	RetroSense/ Allergan/ Abbvie	- Optogenetische Gentherapie, entwickelt zur Therapie von fortgeschrittener RP - RST-001 führt das Gen für Channelrhodopsin-2 (ChR2), ein lichtempfindliches Protein, mithilfe eines viralen Vektors AAV2.7 m8 in die Ganglienzellen der Retina ein
RTx-015 *Phase I:* Retinitis pigmentosa und Choroideremie	Ray Therapeutics, Berkeley, California, USA	- Verwendet einen optimierten optogenetischen Ansatz, um lichtempfindliche Proteine direkt in die Retina zu transportieren. Dies soll die Sehfunktion bei Patienten mit RP wiederherstellen, unabhängig von der spezifischen genetischen Mutation, die die Krankheit verursacht - Die Therapie zielt auf die retinalen Ganglienzellen ab - Nicht-virales Genübertragungssystem zur Weiterentwicklung seiner optogenetischen Therapien. Im Gegensatz zu herkömmlichen viralen Vektormethoden nutzt dieses System innovative Technologien wie ARMMs (arrestin domain-containing protein 1 (ARRDC1)-mediated microvesicles) und GEENIE (gene-editing-enabled intracellular entry). Diese Techniken ermöglichen die präzise Übertragung von genetischem Material in Netzhautzellen, ohne dass Viren als Träger benötigt werden
sFCH (short-form human complement factor H)	Aevitas Therapeutics/4D Molecular Therapeutics	- Modifizierte und optimierte Version des Komplementfaktors H (CFH), die für die Verwendung in AAV-Vektoren (adeno-assoziierte Viren) entwickelt wurde - Der Y402H-Polymorphismus des CFH-Gens steht in starkem Zusammenhang mit dem AMD-Risiko, einschließlich GA 75 % der Patienten mit GA tragen eine Hochrisikovariante von CFH mit reduzierter Komplementinhibitionsfunktion sCFH könnte die Komplementregulierung bei Patienten mit CFH-Funktionsstörung wiederherstellen

Wirkstoff	*Hersteller*	*Bemerkungen*
4D-150 *Phase I/II* PRISM: nAMD *Phase III*: 4FRONT-1 nAMD: Vergleich von 4D-150 mit Aflibercept. Mai 2025: Die FDA erteilt 4D-150 den Status „Regenerative Medicine Advanced Therapy" (RMAT) für die Behandlung von nAMD	4D Molecular Therapeutics, Emeryville, California, USA	- Adeno-assoziiertes Virus (AAV) für die Übertragung von zwei Genen, die vier Proteine exprimieren und vier Arten von VEGFs blockieren - Transgene: Aflibercept (Anti-VEGF-A/B/PlGF) + miRNA (Anti-VEGF-C)

Modulation der Komplementkaskade oder Entzündung

Wirkstoff	*Hersteller*	*Bemerkungen*
AGN-151151	Abbvie Inc., Illinois, USA	- Cr- der auf die Komplementkaskade zur Behandlung von GA abzielt
AMY-106 *Präklinische Phase*	Amyndas Pharmaceuticals, Philadelphia, Pennsylvania, USA	- Ein Compstatin-Analogon der vierten Generation zur zentralen Hemmung der Komplementkomponente C3
ANX007 *Phase II:* ARCHER 1 ANX007 hat von der FDA den Fast-Track-Status erhalten und ist in der EU als prioritäres Medikament (PRIME) anerkannt	Annexon, Brisbane, California, USA	- Das erste nicht pegylierte Antigen-bindende Fragment (Fab) fungiert als Komplement C1q-Inhibitor - Speziell für die Behandlung von GA entwickelt
APL-2006 *Präklinische Phase*	Apellis Pharmaceuticals Inc., Waltham, USA	- Bi-spezifischer Antikörper, der sowohl gegen die Komplementkomponente C3 als auch gegen VEGF gerichtet ist - Zur Behandlung von GA oder nAMD
AR-13503 *Phase II:* Eine multizentrische, einfach maskierte, randomisierte Studie mit bis zu 90 Patienten, in der AR-13503 als Monotherapie und in Kombination mit Aflibercept (Eylea®) oder allein verglichen wird	Aerie Pharmaceuticals, Durham, North Carolina, USA	- Dualer Inhibitor der Rho-Kinase (ROCK) und der Proteinkinase C (PKC), die an Prozessen wie Angiogenese und Entzündung beteiligt sind. Intravitreales Implantat mit verzögerter Wirkstofffreisetzung für die Behandlung von nAMD und diabetischem Makulaödem (DMÖ) - Das Implantat (einmal alle sechs Monate) besteht aus einem bioerodierbaren Polyesteramid-Polymer, das eine kontrollierte Medikamentenabgabe über einen längeren Zeitraum ermöglicht

Wirkstoff	*Hersteller*	*Bemerkungen*
AVD-104 - SIGLEC: *Phase IIa:* Geografische Atrophie (GA) bei AMD: Positives Sicherheitsprofil und frühe Wirksamkeit, ohne schwerwiegende unerwünschte Ereignisse drei Monate nach einer einzigen intravitrealen Dosis *Phase IIb/III:* Vergleich von zwei Dosierungen von AVD-104 (niedrig und hoch) mit Avacincaptad Pegol (Izervay®) -GLYCO: Phase II: DMÖ	Aviceda Therapeutics, Cambridge, Massachusetts, USA	- Glykanbeschichtete Nanopartikel (Sialinsäure), die über einen dualen Wirkmechanismus sowohl auf entzündliche zelluläre Wege (Makrophagenhemmung) als auch auf die Komplementkaskade (Verstärkung der CFH-Bindung an C3b) abzielen
BI 771716/CDR202 *Phase I und Phase II*	Boehringer Ingelheim/ CDR-Life	Hochspezifisches Antikörperfragment, das eine optimale Penetration durch alle Schichten der Netzhaut bis zum kritischsten Zielort der GA-Pathologie ermöglicht
CB-2782-PEG *Präklinische Phase*	Catalyst Biosciences, South San Francisco, California, USA	- Protease C3 Komplement-Inhibitor für die Behandlung von GA - Es zielt darauf ab, die Komplementaktivierung in der Retina durch Hemmung von C3 zu blockieren
GEM103 *Phase II:* ReGAtta FDA-Fast-Track-Status für die Behandlung der trockenen AMD bei Patienten mit HFCF-Varianten mit Funktionsverlust	Gemini Therapeutics, Cambridge, Massachusetts, USA	- Rekombinante Form des menschlichen Komplementfaktors H (CFH) - Entwickelt für die Behandlung von GA im Zusammenhang mit altersbedingter Makuladegeneration (AMD) - Es zielt darauf ab, die Komplementaktivität bei Patienten mit genetischen Varianten zu regulieren, die für AMD prädisponieren
IBI302 *Phase II/III*	Innovent Biologics, Suzhou, Jiangsu, China	- Bispezifisches Decoy-Rezeptor-Fusionsprotein, das auf nAMD abzielt, indem es sowohl auf VEGF als auch auf die Komplementkaskade (sCR1) wirkt - IBI302 bindet spezifisch an die Komplementproteine C3b und C4b. Diese Wirkung trägt dazu bei, die Aktivierung des klassischen und alternativen Komplementweges zu verhindern - IBI302 senkt die Konzentration von Entzündungsmediatoren wie C3a, C5a und dem Membranangriffskomplex (MAC)

Wirkstoff	*Hersteller*	*Bemerkungen*
Kamuvudin *Phase I:* GA	Inflammasome Therapeutics, Newton, Massachusetts, USA	- Implantat mit verzögerter Freisetzung des Medikaments K8 (Kamuvudin, ein Inflammasom-Inhibitor) intravitreal über einen Zeitraum von drei Monaten - Kamavudine wirken auf mehrere toxische Signalwege, die an der GA beteiligt sind, wie Komplement, Beta-Amyloid, Eisenüberladung und Retrotransposons
KNP-301 *Präklinische Phase*	Kanaph Therapeutics/ Samsung Biologics	- Ein bispezifisches Fc-Fusionsprotein zur Behandlung fortgeschrittener AMD durch gleichzeitige Hemmung von C3b und VEGF - Dieser duale Ansatz zielt darauf ab, sowohl neovaskuläre als auch nicht-exsudative Formen der AMD zu behandeln
KSI-601 *Präklinische Phase*	Kodiak Sciences, Palo Alto, California, USA	- Ein Fusionsprotein, das einen IL-1-Rezeptor mit einem Anti-HTRA1-Antikörper kombiniert - Es zielt auf HTRA1 (high-temperature requirement protein 1), eine Serinprotease, die am Zellwachstum und am epithelial-mesenchymalen Übergang beteiligt ist - Sie zielt darauf ab, die multifaktorielle Natur der GA bei AMD zu berücksichtigen
NGM621 *Phase II:* CATALINA	NGM Biopharmaceuticals, Palo Alto, California, USA	- C3-Inhibitor - Es hemmt die Spaltung von Komplement-C3, wodurch die Bildung von C3a- und C3b-Fragmenten verhindert wird, und stoppt so die Ausbreitung der Komplementkaskade, die zur GA-assoziierten Netzhautdegeneration beiträgt
ONL1204 *Phase Ib:* GA bei AMD, Offenwinkelglaukom *Phase II:* Rhegmatogene Amotio retinae	ONL-Therapeutics, Ann Arbor, Michigan, USA	- Erstes Apoptose-hemmendes kleines Molekül - Erster Apoptose-Signalrezeptor (Fas), der zur TNF-Rezeptorfamilie gehört und ein wichtiger Regulator von Zelltod und Entzündung ist
PASyliertes Nomacopan	Akari Therapeutics	- Es nutzt die PASylierungstechnologie, um seine pharmakokinetischen Eigenschaften und therapeutische Wirksamkeit zu verbessern - Doppelte Hemmung: Komplement C5 und Leukotrien B4 (LTB4)

Wirkstoff	*Hersteller*	*Bemerkungen*
PL9654 *Präklinisch*	Palatin-Technologies, Cranbury, New Jersey, USA	- Melanocortin-1-Rezeptor (MC1R)-Agonist zur Behandlung von diabetischer Retinopathie und choroidaler Neovaskularisation - Es zielt darauf ab, die Entzündung der Retina zu verringern und die Netzhaut in Modellen der Retinopathie vor Schäden zu schützen
TMi-018 *Phase I*	Translatum Medicus Inc., Toronzo, Ontario, Kanada	- Es wirkt als Transkriptionsmodulator, der die DNA-zu-RNA-Transkription in Makrophagen reduziert. Durch die Herunterregulierung entzündungsfördernder Zytokine und Chemokine, die mit der M1-Polarisierung in Verbindung gebracht werden, versucht TMi-018, die Entzündungsprozesse, die die AMD verschlimmern, zu mildern - TMi-018 zielt darauf ab, Makrophagen von einem proinflammatorischen M1-Phänotyp, der zu Netzhautschäden und GA beiträgt, in einen neutraleren oder M2-Phänotyp umzuwandeln, der die Gewebereparatur und Homöostase unterstützt
Vamikibart *Phase I:* DOVETAIL: UME bei NIU *Phase III:* MEERKAT und SANDCAT: UME sekundär zu NIU	Roche, Basel, CH	- Monoklonaler Anti-IL-6-Antikörper zur Behandlung des uveitischen Makulaödems (UME), einer bedeutenden Komplikation im Zusammenhang mit nicht-infektiöser Uveitis (NIU) - Nicht-steroidale Behandlungsoption für Patienten mit chronischer nicht-infektiöser Uveitis

Stammzellen

Humane embryonale Stammzellen (hESC)

Wirkstoff	*Hersteller*	*Bemerkungen*
CPCB-RPE1 *Phase I/IIa*	Regenerative Patch Technologies, Portola Valley, California, USA	- *Subretinales* Implantat zur Behandlung von GA. Das Implantat besteht aus zwei Komponenten: einer ultradünnen Parylenmembran, die als Trägermaterial dient, und einer Monoschicht aus etwa 100.000 hESC-abgeleiteten RPE-Zellen. Das Implantat misst 3,5 × 6,25 × 0,006 mm und ist so konzipiert, dass es den größten Teil der Makula abdeckt - Es wurde eine kurzzeitige Immunsuppression mit Tacrolimus durchgeführt

hESC-RPE *Phase I:* nAMD	Pfizer, New York City, New York, USA	- Aus menschlichen embryonalen Stammzellen abgeleitetes retinales Pigmentepithel (hESC-RPE) - nAMD-Therapie zum Ersatz geschädigter RPE-Zellen - Es wird als *subretinales* Monoschicht verabreicht, das aus einer vollständig differenzierten hESC-RPE-Monoschicht auf einer synthetischen Basalmembran besteht
HLS001 cell-sheet	Sumitomo Pharma, Osaka, Japan	- Transplantation einer intakten Schicht humaner embryonaler Stammzellen (hESC), die sich zu Zellen des retinalen Pigmentepithels (RPE) differenziert haben, zur Behandlung von AMD - Das Ziel von HLS001 ist es, geschädigte oder funktionsgestörte RPE-Zellen in der Retina zu ersetzen
MA09-hRPE *Phase I/II:* GA bei AMD und Stargardt'scher Makuladystrophie (SMD)	Astellas Pharma Inc., Tokyo, Japan	- Diese Zelllinie stellt die erste Generation von hESC-RPE für die Behandlung von AMD und Stargardt's Macular Dystrophy (SMD) dar - Es produziert Wachstumsfaktoren und Zytokine durch parakrine und autokrine Signalübertragung Kann neuroprotektive Wirkungen haben und die Struktur der Netzhaut verbessern - Die Zellen werden durch *subretinale* Injektion transplantiert, wobei die Dosis zwischen 50.000 und 200.000 Zellen liegt
OpRegen®/RG6501 *Phase I/IIa:* GA bei AMD	Lineage Cell Therapeutics, Roche, Genentech	Allogene Zelltherapie zur Behandlung der AMD-assoziierten GA. Dabei werden retinale Pigmentepithelzellen (RPEs) verwendet, die aus humanen embryonalen Stammzellen (hESCs) stammen und durch *subretinale* Transplantation verabreicht werden
Nabelschnurstammzellen (hUTC)		
Stammzellen aus der Nabelschnur (hUTC) *Phase IIb:* Retinitis pigmentosa EMA-Ausweisung als Orphan Drug	jCyte, Newport Beach, California, USA	- Die von jCyte entwickelten hRPCs sind eine vielversprechende Zelltherapie (genannt jCell) für die Behandlung von Retinitis pigmentosa: - Sie werden durch intravitreale Injektion verabreicht. Sie wirken durch die Freisetzung von Wachstums- und Schutzfaktoren, die die Netzhautzellen aktivieren und erhalten - Sie erfordern keine Ausrichtung auf einen bestimmten Genotyp und könnten daher bei allen Arten von Retinitis pigmentosa eingesetzt werden - Ihr Wirkmechanismus beruht auf der anhaltenden Freisetzung neurotropher Faktoren, die das Absterben der Photorezeptoren verringern und die Funktion der überlebenden Photorezeptoren fördern - Im Gegensatz zu anderen in der Entwicklung befindlichen Therapien erfordert jCell keine Immunsuppression und hat das Potenzial, eine skalierbare Plattform für mehrere ophthalmologische Indikationen zu sein

Andere Mechanismen

Wirkstoff	*Hersteller*	*Bemerkungen*
UBX1325 *Phase II:* BEHOLD: DMÖ	Unity Biotechnology, South San Francisco, California, USA	Niedermolekularer Inhibitor von Bcl-xL, einem Mitglied der Bcl-2-Familie von Apoptose-regulierenden Proteinen. UBX1325 verändert die Überlebensmechanismen seneszenter Zellen und führt zu ihrer bevorzugten Beseitigung aus erkranktem Gewebe. Dieser Prozess trägt dazu bei, das mit verschiedenen Netzhauterkrankungen verbundene entzündliche Umfeld zu reduzieren

Chronologische Entwicklung von intravitrealen Medikamenten

Datum	Ereignis
1895	Der deutsche Ophthalmologe Richard Deutschmann (1852–1935) injizierte den Glaskörper von Kaninchen in den Glaskörper eines Menschen und behandelte erfolgreich eine Amotio retinae
1911	Der deutsche Ophthalmologe Johannes Ohm (1880–1961) injizierte erstmals Luft in den Glaskörper nach externer Drainage der subretinalen Flüssigkeit, um einen Patienten mit rhegmatogener Amotio retinae zu behandeln
1912	- Krusius (Deutschland) veröffentlichte seine Ergebnisse über experimentelle Netzhautablösungen bei Kaninchen - Rohmer, ein französischer Ophthalmologe, berichtet über 8 Fälle von Netzhautablösungen, die mit intravitrealer Luftinjektion behandelt wurden. Bei zwei Augen erzielte er einen chirurgischen Erfolg
1932	Erich Lobeck (1899–1945) und seine Mitarbeiter in Jena waren die ersten, die Farbstoffe intravitreal auftrugen, indem sie Kaninchen experimentell Tusche injizierten
1935	Hermenegildo Arruga (1886–1972) begann in Spanien mit der intravitrealen Luftinjektion in Kombination mit Diathermie zur Behandlung rhegmatogener Netzhautablösungen
1948	Isaac C. Michaelson (1903–1982) stellte erstmals die Hypothese auf, dass es den Faktor X gibt, einen „Faktor in der Retina, der das Gefäßwachstum beeinflussen kann" und „mit dem Stoffwechsel des Netzhautgewebes verbunden ist"
1962	Pionierarbeit von Paul Anton Cibis (1911–1965) mit der Verwendung von Silikonöl als Glaskörperersatz bei Patienten mit rhegmatogener Amotio retinae. Nach Cibis' Tod führten E. Okun und John Scott (Cambridge) diese chirurgische Technik fort, die sich durch die Arbeit von Peter Leaver (Moorfields Eye Hospital, London), Rod Gray, Haut und Relya Zivojnovic in ganz Europa verbreitete
1969	Experimentelle Arbeit von Erich Kutschera (1927–2003) in Wien, bei der Patentblau intravitreal injiziert wurde, um Netzhautrisse bei der chirurgische Therapie einer Netzhautablösung zu erkennen
1970s	Gholam Peyman (geb. 1937) und andere injizierten verschiedene antibakterielle, antineoplastische und entzündungshemmende Verbindungen in den Glaskörperraum eines Tiermodells, um die Sicherheit solcher Wirkstoffe zu bewerten

Datum	Ereignis
1971	Judah Folkman (1933–2008) veröffentlichte seine bahnbrechende Theorie, dass die Angiogenese beim Tumorwachstum und der Metastasierung eine Rolle spielt, indem er die Existenz eines angiogenen Faktors im Tumor vorschlug
1973	Edward W.D. Norton (1922–1994) führt Schwefelhexafluorid (SF_6) in der Ophthalmologie zur chirurgische Therapie von Riesenrisse der Retina durch intravitreale Injektionen und subretinale Drainage ein
1980	- Harvey Lincoff (1920–2017) arbeitete zusammen mit Ingrid Kreissig an der Entwicklung einer Behandlung von rhegmatogene Amotio retinae mit intravitrealem Gas und führte die Perfluorkohlenstoffgase in der Ophthalmologie ein - Erster Einsatz einer kombinierten Vitrektomie mit Instillation von Silikonöl durch J. Haut in Frankreich
1982	Haidt et al. verwendeten PFCL als Netzhauttamponade in Experimenten
1983	Harold Dvorak (geb. 1937) isolierte den vaskulären Permeabilitätsfaktor (VPF)
1984	Zimmerman und Faris verwenden PFCL als intraoperatives Hilfsmittel zur Repositionierung der abgelösten Retina bei Patienten
1985/1986	Die pneumatische Retinopexie wurde unabhängig voneinander von Alfredo Domínguez (1928–2018) in Spanien und von Hilton und Grizzard in den USA eingeführt
1988	Chang et al. führen Perfluorkohlenstoff-Flüssigkeiten (PFCL) in die chirurgische Behandlung komplexer Netzhautablösungen bei Patienten mit schweren PVR ein
1990s	Ganciclovir erwies sich als das erste weit verbreitete Medikament für wiederholte intravitreale Injektionen, hauptsächlich bei CMV-Retinitis
1996	- Das Ganciclovir-Implantat Vitrasert® erhält die FDA-Zulassung für die Behandlung von CMV-Retinitis bei AIDS-Patienten. Das Ganciclovir-Implantat wird nicht mehr hergestellt, aber sein Platz in der Geschichte bleibt wichtig. Es war das erste von der FDA zugelassene Arzneimittel mit verzögerter Wirkstofffreisetzung für eine Krankheit in einem beliebigen Organ - FDA genehmigt die Verwendung von Silikonöl für die bimanuelle Netzhautmikrochirurgie
1999	- Im Januar 1999 wurde die erste intravitreale Anti-VEGF-Injektion beim Menschen verabreicht: ein 28-Nukleotid-Aptamer, damals bekannt als NX1838 (NeXstar). Zwischen 2001 und 2005 wurde aus NX1838 Pegaptanib (Macugen®) - Y. Chen et al. bei Genentech entwickelten Ranibizumab zur intravitrealen Therapie
2001	Triamcinolonacetonid wurde von Jost Jonas zur Therapie des chronischen diabetischen Makulaödems (DMÖ) eingeführt
2004	Pegaptanib (Macugen®): das erste Anti-VEGF, das von der FDA für nAMD zugelassen wurde; 2006 folgte die Zulassung durch die EMA
2005	- Im Jahr 2005, zur Zeit der Bekanntgabe der positiven Ergebnisse von Ranibizumab, stellte Philip J. Rosenfeld eine Fallstudie über einen Patienten mit nAMD vor, der mit intravitrealem Bevacizumab behandelt wurde - Rodrigues EB, Meyer CH, Kroll schlagen den Begriff „Chromovitrektomie" vor, um die Verwendung von vitalen Farbstoffen in der vitreoretinalen Chirurgie zu bezeichnen - Intravitreales Fluocinolonacetonid-Implantat (Retisert®), wurde von der FDA für die Behandlung der chronischen, nicht-infektiösen hinteren Uveitis zugelassen
2007	Ranibizumab (Lucentis®) erhielt 2007 von der EMA die FDA-Zulassung für nAMD

Datum	Ereignis
2007	Brillantblau G (BBG) in der EU als Brilliant Peel (Fluoron, Ulm, DE), TissueBlu-eTM (DORC International) zugelassen
2009	- Ozurdex® ist von der FDA für die Behandlung des Makulaödems bei nicht-infektiöser Uveitis sowie für die Behandlung des Makulaödems nach einem Venenastverschluss (VAV) oder Zentralvenenverschluss (ZVV) zugelassen - Trypanblau („Membranblau") von der FDA zur Färbung der Membrana limitans interna (ILM) und der epiretinalen Membranen (ERM) bei der Vitrektomie zugelassen
2010	Ranibizumab (Lucentis®) wurde von der FDA für die Behandlung von Makulaödem nach einem Netzhautvenenverschluss (ZVV und VAV) zugelassen
2011	Aflibercept (Eylea®) erhielt die FDA-Zulassung für nAMD
2011	Intravitreales Triamcinolonacetonid (Triesence®) von der FDA für den diagnostischen Einsatz zugelassen
2012	Ranibizumab (Lucentis®) wurde von der FDA zur Therapie des DMÖ zugelassen. Afibercept (Eylea) wurde durch die EMA für die Therapie der nAMD zugelassen
2013	In China wurde das Anti-VEGF-Medikament Conbercept (Lumitin®) für die Therapie von nAMD zugelassen
2014	Die FDA hat Ozurdex® für die Behandlung von DMÖ zugelassen
2015	Ranibizumab und Aflibercept wurden von der FDA für die Behandlung von DR bei DMÖ-Patienten zugelassen
2017	Voretigen-Neparvovec (Luxturna®) FDA-Zulassung zur Behandlung von Patienten mit biallelischer RPE65-Mutation-assoziierter Netzhautdystrophie
2019	Brolucizumab (Beovu®) wurde von der FDA für die Therapie von nAMD und DMÖ zugelassen
2021	FDA-Zulassung des Port-Delivery-Systems (PDS) mit dem von der FDA zugelassenen Ranibizumab (Susvimo®) zur Behandlung von nAMD bei Patienten mit mindestens zwei vorherigen Anti-VEGF-Injektionen
2022	Faricimab (Vabysmo®) wurde von der FDA für die Behandlung von nAMD und DMÖ zugelassen
2023	- Aflibercept 8 mg® erhielt die FDA-Zulassung für nAMD, DMÖ und DR - Faricimab (Vabysmo®) wurde von der FDA für die Behandlung von VAV und ZVV zugelassen - Pegcetacoplan (Syfovre®) und Avacincaptad Pegol (Izervay®) sind von der FDA für die Therapie der geografischen Atrophie (GA) als Folge der AMD zugelassen
2024	- Lytenava® ist die erste intravitreale Formulierung von Bevacizumab, die von der FDA für die Therapie von nAMD zugelassen wurde. Lytenava® wurde im Mai 2024 von der EMA auch für die nAMD-Therapie zugelassen - Faricimab (Vabysmo®) wurde von der FDA und EMA für die Therapie des Makulaödems nach VAV und ZVV zugelassen
2025	- Apellis Pharmaceuticals erhält in Australien die Zulassung für Pegcetacoplan (Syfovre®) zur Behandlung von geografischer Atrophie (GA) - Die FDA genehmigt Revakinagene Taroretcel-Iwey (Encelto®) als erste und einzige MacTel-Typ-2-Therapie

Die Häufigkeit von Komplikationen und Nebenwirkungen von intravitrealen Injektionen von Medikamenten

▫ Tab. 2.1 zeigt die Häufigkeit von Komplikationen bei intravitrealen Injektionen, die je nach verwendetem Medikament, der Anzahl der Injektionen und dem individuellen Zustand des Patienten variieren.

▫ **Tab. 2.1** Nebenwirkungen und Komplikationen bei intravitrealer Injektion von Medikamenten

Komplikation	Bemerkungen
Hyposphagma	Sehr häufig (≥1/10). Folge der transkonjunktivalen Injektion; in der Regel selbstlimitierend
Traumatische Erosion der Hornhaut und/oder der Bindehaut	Diese Komplikationen können das vordere Segment des Auges betreffen und sind in der Regel harmlos
Leichte Schmerzen, Augenbeschwerden	Sehr häufig (≥1/10). In der Regel vorübergehend und leicht, verschwindet innerhalb weniger Tage
verschwommenes Sehen	Häufig (≥1/100 bis <1/10). Gewöhnlich transitorisch
Floaters	Häufig (≥1/100 bis <1/10). Verschwindet in der Regel spontan
Amotio retinae	Die Inzidenz ist mit etwa 0,013 % pro Injektion sehr selten
Intraokulare Hypertonie/Glaukom	Häufig (≥1/100 bis <1/10). Kann vorübergehend vorkommen; in einigen Fällen ist eine pharmakologische Behandlung erforderlich. Unmittelbar nach der Injektion kann es zu einer vorübergehenden Erhöhung des Augeninnendrucks kommen, die einige Stunden anhält. Bei einigen Patienten, insbesondere bei Patienten mit einem bereits bestehenden Glaukom, kann jedoch eine dauerhafte Druckerhöhung werden
Glaskörperhämorrhagie	Diese Komplikation tritt in 0,02 % bis 4,5 % der Fälle auf
Kataraktbildung	- Wenn die Injektion die Linsenkapsel beschädigt wird (traumatische Katarakt) – sehr selten (0,01 %); in Verbindung mit einem technischen Fehler bei der Injektion (*iatrogen*) - Nach kortisonhaltiger IVOM (steroidinduziert): *Cataracta subcapsularis posterior*
Uveitis	Die Inzidenz liegt zwischen 1,4 % und 2,9 %
Endophthalmitis	Sehr selten. Liegt zwischen 0,019 % und 1,6 % und hängt von verschiedenen Faktoren ab
Okklusive retinale Vaskulitis	Schwerwiegende Komplikation. Kann zu einer erheblichen Visusminderung führen
Pigmentepithelruptur	Zwischen 1,5% und 2,9% (Anti-VEGF Medikamente)
Systemische Reaktionen	- Nach intravitrealer Injektion wurden seltene systemische Ereignisse berichtet, darunter visuelle Halluzinationen und akute Verschlechterung der Nierenfunktion; diese sind jedoch selten - Akuter Myokardinfarkt, Schlaganfall: Sehr seltene Komplikation (≤1,5 %); geringes Risiko, aber mit Anti-VEGF-Medikamenten möglich

Serviceteil

A. Bergua, *Intravitreale Medikamente*, https://doi.org/10.1007/978-3-662-70782-1

Präparateverzeichnis

Es sind in diesem Verzeichnis nur Handelspräparate gelistet. ▶ verweist auf den im Text beschriebenen Wirkstoff.

- Abevmy® ▶ *Bevacizumab*
- Actilyse® ▶ *Alteplase*
- ADATO® SIL-OL 5000 ▶ *Silikonöl*
- Afiveg®: ▶ *Aflibercept® 2 mg*
- Afqlir® ▶ *Aflibercept 2 mg*
- Ahzantive® ▶ *Aflibercept 2 mg*
- Alkeran® ▶ *Melphalan*
- Alymsys® ▶ *Bevacizumab*
- Arceole® C_2F_6 ▶ C_2F_6
- Arceole® C_3F_8 ▶ C_3F_8
- Arceole® SF_6 ▶ SF_6
- Arciolane® ▶ *Silikonöl*
- Avastin® ▶ *Bevacizumab*
- Avzivi® ▶ *Bevacizumab*
- Aybintio® ▶ *Bevacizumab*
- Baiama®: ▶ *Aflibercept 2 mg*
- BCD-021® ▶ *Bevacizumab*
- Beovu® ▶ *Brolucizumab*
- Bevacirel® ▶ *Bevacizumab*
- Bevatas® ▶ *Bevacizumab*
- Bio-Blue DUO® ▶ *Brillantblau,* ▶ *Trypanblau*
- Blue-Dual® ▶ *Brillantblau,* ▶ *Trypanblau,* ▶ *Lutein*
- BLutein™ DYE200 *Lösliches Lutein,* ▶ *Trypanblau*
- BLutein™ DYE200 Phacolutein ▶ *Lutein,* ▶ *Trypanblau*
- BLutein™ DYE300 Vitreo Lutein ▶ *Kristallines Lutein*
- BLutein™ DYE400 Single Lutein Blue ▶ *Lösliches Lutein, PBB®*
- Blutein™ DYE500 Double Lutein Blue ▶ *Lösliches Lutein, PBB®*, ▶ *Trypanblau*
- Brilliant Peel® ▶ *Brillantblau G*
- Brilliant Peel® Dual Dye ▶ *Bromphenolblau, Brillantblau G*
- BSS PLUS® ▶ *Balanced salt solution*
- BSS® ▶ *Balanced salt solution*
- Byooviz™ ▶ *Ranibizumab*
- Cancidas® ▶ *Caspofungin*
- Cimerli® ▶ *Ranibizumab-eqrn*
- Cizumab® ▶ *Bevacizumab*
- Densiron® 68 ▶ *Polydimethylsiloxan, Perfluorhexyloctan*
- Densiron® XTRA ▶ *Polydimethylsiloxane, high molecular weight additive (Siluron® Xtra)*
- Dk-Line® ▶ *Perfluordecalin*

- Ophthafutur® SIL-1000 ▶ *Silikonöl*
- Ophthafutur® SIL-2000 ▶ *Silikonöl*
- Ophthafutur® SIL-5000 ▶ *Silikonöl*
- Ophthafutur® C_2F_6 ▶ *Hexafluorethan*
- Ophthafutur® C_3F_8 ▶ *Perfluorpropan*
- OphthaFutur® deca ▶ *Perfluorodecalin*
- OphthaFutur® octa ▶ *Perfluoroctan*
- Ophthafutur® SF_6 ▶ *Schwefelhexafluorid*
- Opuviz® ▶ *Aflibercept 2 mg*
- Oxane® 1300 ▶ *Silikonöl 1000 mPas*
- Oxane® 5700 ▶ *Silikonöl 5000 mPas*
- Oxane® HD ▶ *Silikonöl 5700, RMN3*
- Oyavas® ▶ *Bevacizumab*
- Ozurdex® ▶ *Dexamethason*
- Pavblu® ▶ *Aflibercept 2 mg*
- PDMS 1000 ▶ *Silikonöl*
- PDMS 2000 ▶ *Silikonöl*
- PDMS 5000 ▶ *Silikonöl*
- Perfluoron® ▶ *Perfluoroctan*
- Pure-line™ C_2F_6 ▶ *Hexafluorethan*
- Pure-line™ C_3F_8 ▶ *Perfluorpropan*
- Pure-line™ SF_6 ▶ *Schwefelhexafluorid*
- RaniEyes® ▶ *Ranibizumab*
- Ranivisio® ▶ *Ranibizumab*
- Ranizurel® ▶ *Ranibizumab*
- Razumab® ▶ *Ranibizumab*
- Retidyne Plus™ ▶ *Brilliantblau, kristallines Lutein*
- Retidyne™ ▶ *Brilliantblau, lösliches Lutein*
- Retisert® ▶ *Fluocinolonacetonid*
- Rimmyrah® ▶ *Ranibizumab*
- Ruxience® ▶ *Ranibizumab*
- SIL-1000-S ▶ *Silikonöl*
- SIL-2000-S ▶ *Silikonöl*
- SIL-5000-S ▶ *Silikonöl*
- Siluron® 1000 ▶ *Silikonöl*
- Siluron® 2000 ▶ *Silikonöl*
- Siluron® 5000 ▶ *Silikonöl*
- Siluron® X TRA ▶ *Silikonöl*
- Skojoy® ▶ *Aflibercept 2 mg*
- Susvimo® ▶ *Ranibizumab*
- Syfovre® ▶ *Pegcetacoplan*
- TissueBlue™ ▶ *Brillantblau*
- Triesence® ▶ *Triamcinolonacetonid*
- Tripledyne™ ▶ *Brilliantblau, crystalline lutein,* ▶ *Trypanblau*

Literatur

AbdEl Dayem H, Hartzer M, Williams G, Ferrone P. The Effect of Vitrectomy Infusion Solutions on Postoperative Electroretinography and Retina Histology. BMJ Open Ophthalmol. 2017 Apr 3;1(1):e000004

Adamis AP, de Juan E Jr (2022) Development of the Port Delivery System with ranibizumab for neovascular age-related macular degeneration. Curr Opin Ophthalmol 33(3):131–136

Alfaro DV 3rd, Hudson SJ, Kasowski EJ, Barton CP, Brucker AJ, Lopez JD, Beverly DT, King LP (1997) Experimental pseudomonal posttraumatic endophthalmitis in a swine model. Treatment with ceftazidime, amikacin, and imipenem. Retina 17(2):139–145

Ausayakhun S, Watananikorn S, Ngamtiphakorn S, Prasitsilp J (2005) Intravitreal foscarnet for cytomegalovirus retinitis in patients with AIDS. J Med Assoc Thai 88(1):103–107

Babalola OE (2020) Intravitreal linezolid in the management of vancomycin-resistant enterococcal endophthalmitis. Am J Ophthalmol Case Rep 20:100974

Badaro E, Furlani B, Prazeres J et al (2014) Soluble lutein in combination with brilliant blue as a new dye for chromovitrectomy. Graefe's archive for clinical and experimental ophthalmology = Albrecht von Graefes Archiv fur klinische und experimentelle Ophthalmologie 252(7):1071–1078

Bennett TO, Peyman GA (1974) Use of tobramycin in eradicating experimental bacterial endophthalmitis. Albrecht Von Graefes Arch Klin Exp Ophthalmol 191(2):93–107

Bienvenu AL, Aussedat M, Mathis T, Guillaud M, Leboucher G, Kodjikian L (2020) Intravitreal Injections of Voriconazole for *Candida* Endophthalmitis: A Case Series. Ocul Immunol Inflamm 28(3):471–478

Breit SM, Hariprasad SM, Mieler WF, Shah GK, Mills MD, Grand MG (2005) Management of endogenous fungal endophthalmitis with voriconazole and caspofungin. Am J Ophthalmol 139(1):135–140

Brockhaus L, Goldblum D, Eggenschwiler L, Zimmerli S, Marzolini C (2019) Revisiting systemic treatment of bacterial endophthalmitis: a review of intravitreal penetration of systemic antibiotics. Clin Microbiol Infect 25(11):1364–1369

Brown DM, Emanuelli A, Bandello F, Barranco JJE, Figueira J, Souied E, Wolf S, Gupta V, Ngah NF, Liew G, Tuli R, Tadayoni R, Dhoot D, Wang L, Bouillaud E, Wang Y, Kovacic L, Guerard N, Garweg JG (2022) KESTREL and KITE: 52-Week Results From Two Phase III Pivotal Trials of Brolucizumab for Diabetic Macular Edema. Am J Ophthalmol 238:157–172

Brown DM, Boyer DS, Do DV, Wykoff CC, Sakamoto T, Win P, Joshi S, Salehi-Had H, Seres A, Berliner AJ, Leal S, Vitti R, Chu KW, Reed K, Rao R, Cheng Y, Sun W, Voronca D, Bhore R, Schmidt-Ott U, Schmelter T, Schulze A, Zhang X, Hirshberg B, Yancopoulos GD, Sivaprasad S (2024) PHOTON Investigators. Intravitreal aflibercept 8 mg in diabetic macular oedema (PHOTON): 48-week results from a randomised, double-masked, non-inferiority, phase 2/3 trial. Lancet 403(10432):1153–1163

Burk SE, Da Maa AP, Snyder ME et al (2003) Visualizing vitreous using Kenalog suspension. J Cataract Refract Surg 29:645–651

Caranfa JT, Duker JS (2024) Long-term follow-up of patients with cytomegalovirus retinitis treated with a ganciclovir implant. J Vitreoretin Dis 8(4):415–420

Casaroli-Marano RP, Sousa-Martins D, Martinez-Conesa EM et al (2015) Dye solutions based on lutein and zeaxanthin: in vitro and in vivo analysis of ocular toxicity profiles. Curr Eye Res 40(7):707–718

Chavez-de la Paz E, Arevalo JF, Kirsch LS, Munguia D, Rahhal FM, De Clercq E, Freeman WR (1997) Anterior nongranulomatous uveitis after intravitreal HPMPC (cidofovir) for the treatment of cytomegalovirus retinitis. Analysis and prevention. Ophthalmology 104(3):539–544

Chen Y, Kearns VR, Zhou L, Sandinha T, Lam WC, Steel DH, Chan YK (2021) Silicone oil in vitreoretinal surgery: indications, complications, new developments and alternative long-term tamponade agents. Acta Ophthalmol 99:240–250

Ciulla TA, Hussain RM, Berrocal AM, Nagiel A (2020) Voretigene neparvovec-rzyl for treatment of *RPE65*-mediated inherited retinal diseases: a model for ocular gene therapy development. Expert Opin Biol Ther 20(6):565–578

Confalonieri F, Josifovska N, Boix-Lemonche G, Stene-Johansen I, Bragadottir R, Lumi X, Petrovski G (2023) Vitreous substitutes from bench to the operating room in a translational approach: review and future endeavors in vitreoretinal surgery. Int J Mol Sci 24(4):3342

Coppola M, Del Turco C, Querques G, Bandello F (2017) Perfluorobutylpentane (F4H5) Solvent-Assisted Silicon Oil Removal Technique. Retina 37(4):793–795

Cornut PL, Chiquet C (2008) Injections intravitréennes d'antibiotiques et endophtalmies [Intravitreal injection of antibiotics in endophthalmitis]. J Fr Ophtalmol 31(8):815–823

Creuzot-Garcher C, Acar N, Passemard M, Bidot S, Bron A, Bretillon L (2010) Functional and structural effect of intravitreal indocyanine green, triamcinolone acetonide, trypan blue, and brilliant blue g on rat retina. Retina 30(8):1294–1301

D'Amico DJ, Caspers-Velu L, Libert J, Shanks E, Schrooyen M, Hanninen LA, Kenyon KR (1985) Comparative toxicity of intravitreal aminoglycoside antibiotics. Am J Ophthalmol 100(2):264–275

Del Sole MJ, Clausse M, Nejamkin P, Cancela B, Del Río M, Lamas G, Lubieniecki F, Francis JH, Abramson DH, Chantada G, Schaiquevich P (2022) Ocular and systemic toxicity of high-dose intravitreal topotecan in rabbits: Implications for retinoblastoma treatment. Exp Eye Res 218:109026

Dervenis N, Mikropoulou AM, Tranos P, Dervenis P (2017) Ranibizumab in the treatment of diabetic macular edema: A review of the current status, unmet needs, and emerging challenges. Adv Ther 34(6):1270–1282

Doft BH, Barza M (1994) Ceftazidime or amikacin: choice of intravitreal antimicrobials in the treatment of postoperative endophthalmitis. Arch Ophthalmol 112(1):17–18

Dugel PU, Koh A, Ogura Y, Jaffe GJ, Schmidt-Erfurth U, Brown DM, Gomes AV, Warburton J, Weichselberger A, Holz FG, HAWK and HARRIER Study Investigators. HAWK and HARRIER (2020) Phase 3, multicenter, randomized, double-masked trials of brolucizumab for neovascular age-related macular degeneration. Ophthalmology 127(1):72–84

Duke SL, Kump LI, Yuan Y, West WW, Sachs AJ, Haider NB, Margalit E (2010) The safety of intraocular linezolid in rabbits. Invest Ophthalmol Vis Sci 51(6):3115–3119

Enaida H, Hisatomi T, Goto Y, Hata Y, Ueno A, Miura M, Kubota T, Ishibashi T (2006a) Preclinical investigation of internal limiting membrane staining and peeling using intravitreal brilliant blue G. Retina 26(6):623–630

Enaida H, Hisatomi T, Hata Y, Ueno A, Goto Y, Yamada T, Kubota T, Ishibashi T (2006b) Brilliant blue G selectively stains the internal limiting membrane/brilliant blue G-assisted membrane peeling. Retina 26(6):631–636

Estarreja J, Mendes P, Silva C, Camacho P, Mateus V (2023) The efficacy, safety, and efficiency of the off-label use of bevacizumab in patients diagnosed with age-related macular degeneration: protocol for a systematic review and meta-analysis. JMIR Res Protoc:12

Falavarjani KG, Hadavandkhani A, Parvaresh MM, Modarres M, Naseripour M, Alemzadeh SA (2020) Intra-silicone oil injection of methotrexate in retinal reattachment surgery for proliferative vitreoretinopathy. Ocul Immunol Inflamm 28(3):513–516

Farah ME, Maia M, Furlani B, Bottós J, Meyer CH, Lima V, Penha FM, Costa EF, Rodrigues EB (2008) Current concepts of trypan blue in chromovitrectomy. Dev Ophthalmol 42:91–100

Farah ME, Maia M, Rodrigues EB (2009) Dyes in ocular surgery: principles for use in chromovitrectomy. Am J Ophthalmol 148:332–340

Farah ME, Maia M, Penha FM, Rodrigues EB (2016) The Use of Vital Dyes during Vitreoretinal Surgery – Chromovitrectomy. Dev Ophthalmol 55:365–375

Feltgen N, Hoerauf H (2019) Aktueller Stellenwert von schweren Flüssigkeiten als intraoperative Hilfsmittel bei vitreoretinalen Eingriffen. Ophthalmologe 116:919–924

Ferencz JR, Assia EI, Diamantstein L, Rubinstein E (1999) Vancomycin concentration in the vitreous after intravenous and intravitreal administration for postoperative endophthalmitis. Arch Ophthalmol 117(8):1023–1027

Ficker L, Meredith TA, Gardner S, Wilson LA (1990) Cefazolin levels after intravitreal injection. Effects of inflammation and surgery. Invest Ophthalmol Vis Sci 31(3):502–505

Finger RP, Dennis N, Freitas R, Quenéchdu A, Clemens A, Karcher H, Souied EH (2022) Comparative efficacy of brolucizumab in the treatment of neovascular age-related macular degeneration: a systematic literature review and network meta-analysis. Adv Ther 39(8):3425–3448

Fung S, Syed YY (2022) Suprachoroidal space triamcinolone acetonide: a review in uveitic macular edema. Drugs 82(13):1403–1410

Furlani BA, Barroso L, Sousa-Martins D et al (2014) Lutein and zeaxanthin toxicity with and without brilliant blue in rabbits. J Ocul Pharmacol Ther: The Official J Assoc Ocul Pharmacol Ther 30(7):559–566

Gale R, Gill C, Pikoula M, Lee AY, Hanson RLW, Denaxas S, Egan C, Tufail A, Taylor P, UK EMR Database Users Group (2021) Multicentre study of 4626 patients assesses the effectiveness, safety and burden of two categories of treatments for central retinal vein occlusion: intravitreal anti-vascular endothelial growth factor injections and intravitreal Ozurdex injections. Br J Ophthalmol 105(11):1571–1576

Gan IM, van Dissel JT, Beekhuis WH, Swart W, van Meurs JC (2001) Intravitreal vancomycin and gentamicin concentrations in patients with postoperative endophthalmitis. Br J Ophthalmol 85(11):1289–1293

Garrido-Marin M, Kirkegaard Biosca E, Boixadera A, Fischer Fernandez R, Sánchez Vela L, Pardo Aranda A, García-Arumí J, Distefano L (2024) Multiresistant candida endophthalmitis treated with intravitreal caspofungin: a case report. Ocul Immunol Inflamm 32(6):858–862

Guthoff R, Guthoff T, Meigen T, Goebel W (2011) Intravitreous injection of bevacizumab, tissue plasminogen activator, and gas in the treatment of submacular hemorrhage in age-related macular degeneration. Retina 31(1):36–40

Heier JS, Brown DM, Chong V, Korobelnik JF, Kaiser PK, Nguyen QD, Kirchhof B, Ho A, Ogura Y, Yancopoulos GD, Stahl N, Vitti R, Berliner AJ, Soo Y, Anderesi M, Groetzbach G, Sommerauer B, Sandbrink R, Simader C, Schmidt-Erfurth U (2012) VIEW 1 and VIEW 2 Study Groups. Intravitreal aflibercept (VEGF trap-eye) in wet age-related macular degeneration. Ophthalmology 119(12):2537–2548

Heier JS, Lad EM, Holz FG, Rosenfeld PJ, Guymer RH, Boyer D, Grossi F, Baumal CR, Korobelnik JF, Slakter JS, Waheed NK, Metlapally R, Pearce I, Steinle N, Francone AA, Hu A, Lally DR, Deschatelets P, Francois C, Bliss C, Staurenghi G, Monés J, Singh RP, Ribeiro R, Wykoff CC, OAKS and DERBY study investigators. (2023) Pegcetacoplan for the treatment of geographic atrophy secondary to age-related macular degeneration (OAKS and DERBY): two multicentre, randomised, double-masked, sham-controlled, phase 3 trials. Lancet 402(10411):1434–1448

Hernández F, Alpizar-Alvarez N, Wu L (2014) Chromovitrectomy: an update. J Ophthalmic Vis Res 9(2):251–259

Hohberger B, Haug M, Bergua A, Lämmer R (2020) MIGS – eine Off-label-Option für eine therapierefraktäre, steroidinduzierte okuläre Hypertension [MIGS-off-label option for treatment-refractory steroid-induced ocular hypertension]. Ophthalmologe 117(1):62–65

Hohberger B, Royer M, Flamann CS, Bergua A (2025) Stabilizing macular edema fluctuations: outcomes of intravitreal fluocinolone acetonide for diabetic macular edema and non-infectious uveitis. J Clin Med 14(8):2849

Höhn F, Kretz FT, Pavlidis M (2014) Primäre Vitrektomie mit Membrana-limitans-interna-Peeling unter Decalin: Ein Erfolg versprechendes chirurgisches Manöver zur Behandlung von totalen und subtotalen Amotiones. Ophthalmologe 111(9):882–886

Hojjatie SL, Salek SS, Pearce WA, Wells JR, Yeh S (2020) Treatment of presumed Nocardia endophthalmitis and subretinal abscess with serial intravitreal amikacin injections and pars plana vitrectomy. J Ophthalmic Inflamm Infect 10(1):14

Jaffe GJ, Westby K, Csaky KG, Monés J, Pearlman JA, Patel SS, Joondeph BC, Randolph J, Masonson H, Rezaei KA (2021) C5 inhibitor avacincaptad pegol for geographic atrophy due to age-related macular degeneration: a randomized pivotal phase 2/3 trial. Ophthalmology 128(4):576–586

Javaheri M, Fujii GY, Rossi JV, Panzan CQ, Yanai D, Lakhanpal RR, Maia M, Khurana RN, Guven D, De Juan E Jr, Humayun MS (2007) Effect of oxygenated intraocular irrigation solutions on the electroretinogram after vitrectomy. Retina 27(1):87–94

Jonas JB, Söfker A (2001) Intraocular injection of crystalline cortisone as adjunctive treatment of diabetic macular edema. Am J Ophthalmol 132(3):425–427

Kaczmarek JV, Bogan CM, Pierce JM, Tao YK, Chen SC, Liu Q, Liu X, Boyd KL, Calcutt MW, Bridges TM, Lindsley CW, Friedman DL, Richmond A, Daniels AB (2021) Intravitreal HDAC inhibitor belinostat effectively eradicates vitreous seeds without retinal toxicity in vivo in a rabbit retinoblastoma model. Invest Ophthalmol Vis Sci 62(14):8

Kaneko A, Suzuki S (2003) Eye-preservation treatment of retinoblastoma with vitreous seeding. Jpn J Clin Oncol 33:601–607

Kang C (2023) Avacincaptad Pegol: first approval. Drugs 83(15):1447–1453

Kapur M, Nirula S, Naik MP. Future of anti-VEGF: biosimilars and biobetters. Int J Retina Vitreous. 2022 Jan 4;8(1):2

Khanani AM, Patel SS, Staurenghi G, Tadayoni R, Danzig CJ, Eichenbaum DA, Hsu J, Wykoff CC, Heier JS, Lally DR, Monés J, Nielsen JS, Sheth VS, Kaiser PK, Clark J, Zhu L, Patel H, Tang J, Desai D, Jaffe GJ (2023) GATHER2 trial investigators. Efficacy and safety of avacincaptad pegol in patients with geographic atrophy (GATHER2): 12-month results from a randomised, double-masked, phase 3 trial. Lancet 402(10411):1449–1458

Kim EK, Kim HB (1990) Pharmacokinetics of intravitreally injected liposome-encapsulated tobramycin in normal rabbits. Yonsei Med J 31(4):308–314

Kishore K, Conway MD, Peyman GA (2001) Intravitreal clindamycin and dexamethasone for toxoplasmic retinochoroiditis. Ophthalmic Surg Lasers 32(3):183–192

Kleinberg TT, Tzekov RT, Stein L, Ravi N, Kaushal S. Vitreous substitutes: a comprehensive review. Surv Ophthalmol. 2011 Jul-Aug;56(4):300-323

Klettner A, Grotelüschen S, Treumer F, Roider J, Hillenkamp J (2015) Compatibility of recombinant tissue plasminogen activator (rtPA) and aflibercept or ranibizumab coapplied for neovascular age-related macular degeneration with submacular haemorrhage. Br J Ophthalmol 99(6):864–869

Kobuch K, Menz IH, Hoerauf H, Dresp JH, Gabel VP (2001) New substances for intraocular tamponades: perfluorocarbon liquids, hydrofluorocarbon liquids and hydrofluorocarbon-oligomers in vitreoretinal surgery. Graefes Arch Clin Exp Ophthalmol 239(9):635–642

Kramer M, Kramer MR, Blau H, Bishara J, Axer-Siegel R, Weinberger D (2006) Intravitreal voriconazole for the treatment of endogenous Aspergillus endophthalmitis. Ophthalmology 113(7):1184–1186

Larkin KL, Saboo US, Comer GM, Forooghian F, Mackensen F, Merrill P, Sen HN, Singh A, Essex RW, Lake S, Lim LL, Vasconcelos-Santos DV, Foster CS, Wilson DJ, Smith JR (2014) Use of intravitreal rituximab for treatment of vitreoretinal lymphoma. Br J Ophthalmol 98(1):99–103

Lee JP, Park JS, Kwon OW, You YS, Kim SH (2016) Management of acute submacular hemorrhage with intravitreal injection of tenecteplase, anti-vascular endothelial growth factor and gas. Korean J Ophthalmol 30(3):192–197

Lee Y, Kim D, Chung PED, Lee M, Kim N, Chang J, Lee BC (2024) Pre-Clinical Studies of a Novel Bispecific Fusion Protein Targeting C3b and VEGF in Neovascular and Nonexudative AMD Models. Ophthalmol Ther 13(8):2227–2242

Li SS, Li M, You R, Wang HH, Zhao L, Wang YL, Chen X (2021) Efficacy of different doses of dye-assisted internal limiting membrane peeling in idiopathic macular hole: a systematic review and network meta-analysis. Int Ophthalmol 41(3):1129–1140

Liang Y, Kociok N, Leszczuck M et al (2008) A cleaning solution for silicone intraocular lenses: "sticky silicone oil". Br J Ophthalmol 92:1522–1527

Liao DS, Grossi FV, El Mehdi D, Gerber MR, Brown DM, Heier JS, Wykoff CC, Singerman LJ, Abraham P, Grassmann F, Nuernberg P, Weber BHF, Deschatelets P, Kim RY, Chung CY, Ribeiro RM, Hamdani M, Rosenfeld PJ, Boyer DS, Slakter JS, Francois CG (2020) Complement C3 inhibitor pegcetacoplan for geographic atrophy secondary to age-related macular degeneration: a randomized phase 2 trial. Ophthalmology 127(2):186–195

Lim SJ, Kim HB (1992) The effect of the toxic reaction of the retina by liposome-encapsulated tobramycin in normal rabbits. J Korean Ophthalmol Soc 33(4):357–374

Lincoff H, Mardirossian J, Lincoff A, Liggett P, Iwamoto T, Jakobiec F (1980) Intravitreal longevity of three perfluorocarbon gases. Arch Ophthalmol 98(9):1610–1611

Lüke C, Lüke M, Sickel W, Schneider T (2006) Effects of patent blue on human retinal function. Graefes Arch Clin Exp Ophthalmol 244(9):1188–1190

Machemer R, Sugita G, Tano Y (1979) Treatment of intraocular proliferations with intravitreal steroids. Trans Am Ophthalmol Soc 77:171–180

Madamsetty VS, Mohammadinejad R, Uzieliene I, Nabavi N, Dehshahri A, García-Couce J, Tavakol S, Moghassemi S, Dadashzadeh A, Makvandi P, Pardakhty A, Aghaei Afshar A, Seyfoddin A (2022) Dexamethasone: insights into pharmacological aspects, therapeutic mechanisms, and delivery systems. ACS Biomater Sci Eng 8(5):1763–1790

Maguire AM, Russell S, Wellman JA, Chung DC, Yu ZF, Tillman A, Wittes J, Pappas J, Elci O, Marshall KA, McCague S, Reichert H, Davis M, Simonelli F, Leroy BP, Wright JF, High KA, Bennett J (2019) Efficacy, safety, and durability of voretigene neparvovec-rzyl in RPE65 mutation-associated inherited retinal dystrophy: results of phase 1 and 3 trials. Ophthalmology 126(9):1273–1285

Martin DF, Ficker LA, Aguilar HA, Gardner SK, Wilson LA, Meredith TA (1990) Vitreous cefazolin levels after intravenous injection. Effects of inflammation, repeated antibiotic doses, and surgery. Arch Ophthalmol 108(3):411–414

McAllister IL, Vijayasekaran S, Khong CH, Yu DY (2006) Investigation of the safety of tenecteplase to the outer retina. Clin Exp Ophthalmol 34:787–793

McAllister IL, Chen SD, Patel JI et al (2010) Management of submacular haemorrhage in age-related macular degeneration with intravitreal tenecteplase. Br J Ophthalmol 94:260–261

Mehta H, Gillies M, Fraser-Bell S (2015) Perspective on the role of Ozurdex (dexamethasone intravitreal implant) in the management of diabetic macular oedema. Ther Adv Chronic Dis 6(5):234–245

Merrill PT, Clark WL, Banker AS, Fardeau C, Franco P, LeHoang P, Ohno S, Rathinam SR, Ali Y, Mudumba S, Shams N, Nguyen QD (2020) Sirolimus Study Assessing Double-Masked Uveitis Treatment (SAKURA) Study Group. Efficacy and safety of intravitreal sirolimus for noninfectious uveitis of the posterior segment: results from the Sirolimus Study Assessing Double-Masked Uveitis Treatment (SAKURA) Program. Ophthalmology 127(10):1405–1415

Miyake H, Miyazaki D, Shimizu Y, Sasaki SI, Baba T, Inoue Y, Matsuura K (2019) Toxicities of and inflammatory responses to moxifloxacin, cefuroxime, and vancomycin on retinal vascular cells. Sci Rep 9(1):9745

Mojumder DK, Concepcion FA, Patel SK, Barkmeier AJ, Carvounis PE, Wilson JH, Holz ER, Wensel TG (2010) Evaluating retinal toxicity of intravitreal caspofungin in the mouse eye. Invest Ophthalmol Vis Sci 51(11):5796–5803

Montero MC, Pastor M, Buenestado C, Lluch A, Atienza M (1996) Intravitreal ganciclovir for cytomegalovirus retinitis in patients with AIDS. Ann Pharmacother 30(7–8):717–723

Morse LS, Benner JD, Hjelmeland LM, Landers MB 3rd. (1996) Fibrinolysis of experimental subretinal haemorrhage without removal using tissue plasminogen activator. Br J Ophthalmol 80(7):658–662

Munier FL, Gaillard MC, Balmer A, Soliman S, Podilsky G, Moulin AP, Beck-Popovic M (2012) Intravitreal chemotherapy for vitreous disease in retinoblastoma revisited: from prohibition to conditional indications. Br J Ophthalmol 96(8):1078–1083

Mushtaq Y, Mushtaq MM, Gatzioufas Z, Ripa M, Motta L, Panos GD (2023) Intravitreal Fluocinolone Acetonide Implant (ILUVIEN®) for the treatment of retinal conditions. a review of clinical studies. Drug Des Devel Ther 30(17):961–975

Muste J, Baynes K, Srivastava SK (2024) Coccidioidal endophthalmitis secondary to Coccidoides posadasii: a rare infection in humans. Retin Cases Brief Rep

Noh GM, Nam KY, Lee SU, Lee SJ (2019) Precipitation of Vancomycin and Ceftazidime on Intravitreal Injection in Endophthalmitis Patients. Korean J Ophthalmol 33(3):296–297

Ohm J (1911) Über die Behandlung der Netzhautablösung durch operative Entleerung der subretinalen Flüssigkeit und Einspritzung von Luft in den Glaskörper. Albrecht Graefes Arch Ophthalmol 79:442–450

Parver LM, Lincoff H (1978) Mechanics of intraocular gas. Invest Ophthalmol Vis Sci 17(1):77–79

Payne JF, Keenum DG, Sternberg P Jr, Thliveris A, Kala A, Olsen TW (2010) Concentrated intravitreal amphotericin B in fungal endophthalmitis. Arch Ophthalmol 128(12):1546–1550

Peyman GA, Schulman JA, Sullivan B (1995) Perfluorocarbon liquids in ophthalmology. Surv Ophthalmol 39(5):375–395

Pfau M, Schmitz-Valckenberg S, Ribeiro R, Safaei R, McKeown A, Fleckenstein M, Holz FG (2022) Association of complement C3 inhibitor pegcetacoplan with reduced photoreceptor degeneration beyond areas of geographic atrophy. Sci Rep 12(1):17870

Rahhal FM, Arevalo JF, Munguia D, Taskintuna I, Chavez de la Paz E, Azen SP, Freeman WR (1996) Intravitreal cidofovir for the maintenance treatment of cytomegalovirus retinitis. Ophthalmology 103(7):1078–1083

Rajan RP, Babu KN, Arumugam KK, Muraleedharan S, Ramachandran O, Jena S, Kumar S, Upadhyay A (2024) Intravitreal methotrexate as an adjuvant in vitrectomy in cases of retinal detachment with proliferative vitreoretinopathy. Graefes Arch Clin Exp Ophthalmol

Rodrigues EB, Maia M, Meyer CH, Penha FM, Dib E, Farah ME (2007) Vital dyes for chromovitrectomy. Curr Opin Ophthalmol 18(3):179–187

Rosenfeld PJ, Moshfeghi AA, Puliafito CA (2005) Optical coherence tomography findings after an intravitreal injection of bevacizumab (Avastin) for neovascular age-related macular degeneration. Ophthalmic Surg Lasers Imaging 36:331–335

Rosenfeld PJ, Brown DM, Heier JS, Boyer DS, Kaiser PK, Chung CY et al (2006) Ranibizumab for neovascular age-related macular degeneration. N Engl J Med 355:1419–1431

Rosengren B (1938) Cases of retinal detachment treated with diathermy and injection of air into the vitreous body. Acta Ophthalmol (Copenh) 16:177

Russell S, Bennett J, Wellman JA, Chung DC, Yu ZF, Tillman A, Wittes J, Pappas J, Elci O, McCague S, Cross D, Marshall KA, Walshire J, Kehoe TL, Reichert H, Davis M, Raffini L, George LA, Hudson FP, Dingfield L, Zhu X, Haller JA, Sohn EH, Mahajan VB, Pfeifer W, Weckmann M, Johnson C, Gewaily D, Drack A, Stone E, Wachtel K, Simonelli F, Leroy BP, Wright JF, High KA, Maguire AM (2017) Efficacy and safety of voretigene neparvovec (AAV2-hRPE65v2) in patients with RPE65-mediated inherited retinal dystrophy: a randomised, controlled, open-label, phase 3 trial. Lancet 390(10097):849–860

Sadaka A, Sisk RA, Osher JM, Toygar O, Duncan MK, Riemann CD (2016) Intravitreal methotrexate infusion for proliferative vitreoretinopathy. Clin Ophthalmol 10:1811–1817

Sahni J, Patel SS, Dugel PU, Khanani AM, Jhaveri CD, Wykoff CC, Hershberger VS, Pauly-Evers M, Sadikhov S, Szczesny P, Schwab D, Nogoceke E, Osborne A, Weikert R, Fauser S (2019) Simultaneous inhibition of angiopoietin-2 and vascular endothelial growth factor-a with faricimab in diabetic macular edema: BOULEVARD phase 2 randomized trial. Ophthalmology 126(8):1155–1170

Sahni J, Dugel PU, Patel SS, Chittum ME, Berger B, Del Valle RM, Sadikhov S, Szczesny P, Schwab D, Nogoceke E, Weikert R, Fauser S (2020) Safety and efficacy of different doses and regimens of faricimab vs ranibizumab in neovascular age-related macular degeneration: The AVENUE phase 2 randomized clinical trial. JAMA Ophthalmol 138(9):955–963

Sakai D, Imai H, Nakamura M (2021) Multiple intravitreal liposomal amphotericin B for a case of *Candida glabrata* endophthalmitis. Case Rep Ophthalmol 12(2):485–491

Sanford M (2013) Fluocinolone acetonide intravitreal implant (Iluvien®): in diabetic macular oedema. Drugs 73(2):187–193

Sarwar S, Clearfield E, Soliman MK, Sadiq MA, Baldwin AJ, Hanout M, Agarwal A, Sepah YJ, Do DV, Nguyen QD (2016) Aflibercept for neovascular age-related macular degeneration. Cochrane Database Syst Rev 2(2):CD011346

Schanzer NL, Pass SM, Fine HF (2024) Crystalline retinopathy following intravitreal clindamycin. Ophthalmic Surg Lasers Imaging Retina 55(3):168–170

Schuettauf F, Haritoglou C, May CA, Rejdak R, Mankowska A, Freyer W, Eibl K, Zrenner E, Kampik A, Thaler S (2006) Administration of novel dyes for intraocular surgery: an in vivo toxicity animal study. Invest Ophthalmol Vis Sci 47(8):3573–3578

Schulz A, Szurman P (2022) Vitreous substitutes as drug release systems. Transl Vis Sci Technol 11(9):14

Shen YC, Liang CY, Wang CY, Lin KH, Hsu MY, Yuen HL, Wei LC (2014) Pharmacokinetics and safety of intravitreal caspofungin. Antimicrob Agents Chemother 58(12):7234–7239

Shirley M (2022) Faricimab: first approval. Drugs 82(7):825–830

Sobrin L, Kump LI, Foster CS (2007) Intravitreal clindamycin for toxoplasmic retinochoroiditis. Retina 27(7):952–957

Solomon SD, Lindsley KB, Krzystolik MG, Vedula SS, Hawkins BS (2016) Intravitreal bevacizumab versus ranibizumab for treatment of neovascular age-related macular degeneration: findings from a cochrane systematic review. Ophthalmology 123(1):70–77

Sørensen NB, Klemp K, Kjær TW, Heegaard S, la Cour M, Kiilgaard JF (2017) Repeated subretinal surgery and removal of subretinal decalin is well tolerated – evidence from a porcine model. Graefes Arch Clin Exp Ophthalmol 255(9):1749–1756

Sousa-Martins D, Maia M, Moraes M et al (2012) Use of lutein and zeaxanthin alone or combined with Brilliant Blue to identify intraocular structures intraoperatively. Retina 32(1328):1336

Stalmans P, Pinxten AM, Wong DS (2015) Cohort safety and efficacy study of siluron2000 emulsification-resistant silicone oil and F4h5 in the treatment of full-thickness macular hole. Retina 35:2558–2566

Stern GA, Fetkenhour CL, O'Grady RB (1977) Intravitreal amphotericin B treatment of Candida endophthamitis. Arch Ophthalmol 95(1):89–93

Sun Y, Tao Y, Cao Q, Huang Y (2017) Foscarnet calcium microcrystals as the intravitreal drug depot. Chem Commun (Camb) 53(37):5139–5142

Talamo JH, D'Amico DJ, Kenyon KR (1986) Intravitreal amikacin in the treatment of bacterial endophthalmitis. Arch Ophthalmol 104(10):1483–1485

Taskintuna I, Rahhal FM, Arevalo JF, Munguia D, Banker AS, De Clercq E, Freeman WR (1997) Low-dose intravitreal cidofovir (HPMPC) therapy of cytomegalovirus retinitis in patients with acquired immune deficiency syndrome. Ophthalmology 104(6):1049–1057

Taubenslag KJ, Cherney EF, Patel SN, Law JC, Daniels AB, Kim SJ (2023) Intravitreal triple therapy with vancomycin, ceftazidime, and moxifloxacin for bacterial endophthalmitis: a twelve-year experience. Graefes Arch Clin Exp Ophthalmol 261(10):2813–2819

Teoh SC, Ou X, Lim TH (2012) Intravitreal ganciclovir maintenance injection for cytomegalovirus retinitis: efficacy of a low-volume, intermediate-dose regimen. Ophthalmology 119(3):588–595

Testi I, Pavesio C (2019) Preliminary evaluation of YUTIQ™ (fluocinolone acetonide intravitreal implant 0.18 mg) in posterior uveitis. Ther Deliv 10(10):621–625

Ueno A, Hisatomi T, Enaida H, Kagimoto T, Mochizuki Y, Goto Y, Kubota T, Hata Y, Ishibashi T (2007) Biocompatibility of brilliant blue G in a rat model of subretinal injection. Retina 27(4):499–504

Vote BJ, Russell MK, Joondeph BC (2004 Oct) Trypan blue-assisted vitrectomy. Retina 24(5):736–738

Wang H, Zhou J, Sun C, Dong X. Effects of Novel Anti-VEGF Agents with Intravitreal Conbercept in Diabetic Retinopathy: A Systematic Review and Meta-Analysis. Evid Based Complement Alternat Med. 2021 Feb 3;2021:9357108

Wang Y, Cheung DS, Chan CC (2017) Case 01-2017 – primary vitreoretinal lymphoma (PVRL): report of a case and update of literature from 1942 to 2016. Ann Eye Sci 2:32

Woods MM, Bansal R, Shields CL (2024) High-dose intravitreal topotecan for perifoveal recurrence of retinoblastoma. Ophthalmol Retina S2468–6530(24):00481-0

Wu BH, Wang B, Wu HQ, Chang Q, Lu HQ (2019). Intravitreal conbercept injection for neovascular age-related macular degeneration. Int J Ophthalmol 12(2):252–257

Yeh S, Wilson DJ (2010) Combination intravitreal rituximab and methotrexate for massive subretinal lymphoma. Eye (Lond) 24(10):1625–1627

Yousef YA, Noureldin AM, Sultan I, Deebajah R, Al-Hussaini M, Shawagfeh M, Mehyar M, Mohammad M, Jaradat I, AlNawaiseh I (2020) Intravitreal melphalan chemotherapy for vitreous seeds in retinoblastoma. J Ophthalmol 24(2020):8628525

Yousef YA, Al Jboor M, Mohammad M, Mehyar M, Toro MD, Nazzal R, Alzureikat QH, Rejdak M, Elfalah M, Sultan I, Rejdak R, Al-Hussaini M, Al-Nawaiseh I (2021) Safety and efficacy of intravitreal chemotherapy (melphalan) to treat vitreous seeds in retinoblastoma. Front Pharmacol 12(12):696787

Zhang J, Liang Y, Xie J, Li D, Hu Q, Li X, Zheng W, He R (2018) Conbercept for patients with age-related macular degeneration: a systematic review. BMC Ophthalmol 18(1):142

Zhou N, Xu X, Liu Y, Wang Y, Wei W (2022) A proposed protocol of intravitreal injection of methotrexate for treatment of primary vitreoretinal lymphoma. Eye (Lond) 36(7):1448–1455

Zeitfracht Medien GmbH
Ferdinand-Jühlke-Straße 7
99095 Erfurt, Deutschland
produktsicherheit@kolibri360.de